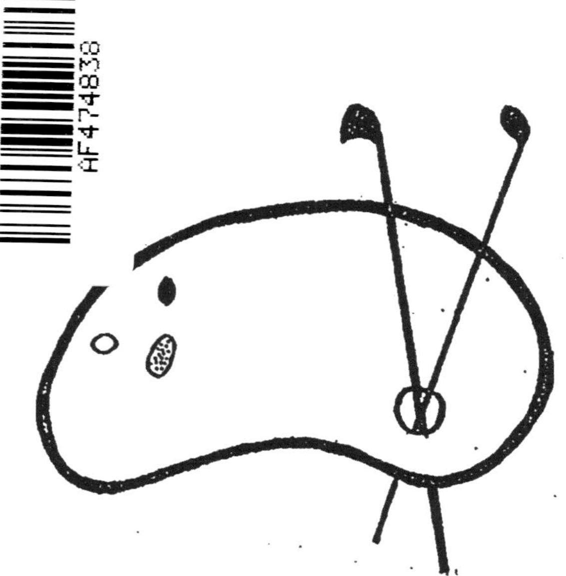

CONSEILLER
DU
TOURISTE
A NICE
ET DANS SES ENVIRONS

par

DE CARLI

60 cent.

NICE

Typ. Lith. & Libr. Ch. Cauvin

... de la Préfecture, 6

1864.

GYMNASE

CHARLES TROUILLER

9, Rue Chauvain, 9.

Les exercices de Gymnastique développent le corps, augmentent les forces, donnent de la précision, de l'élégance aux mouvements, raffermissent la santé ou aident à son rétablissement, et dans d'autres cas remédient aux difformités.

Le massage et les frictions qui ont un si grand succès pour combattre les douleurs rhumatismales, dégager les voies respiratoires et activer la circulation, sont faits à l'établissement par des masseurs-élèves des premiers docteurs de Paris et de Lyon.

Leçons particulières pour les déviations de la taille, faiblesse des membres ou tout autre cas orthopédique.

Des leçons d'armes, de canne et de boxe, sont données par un professeur d'un mérite supérieur.

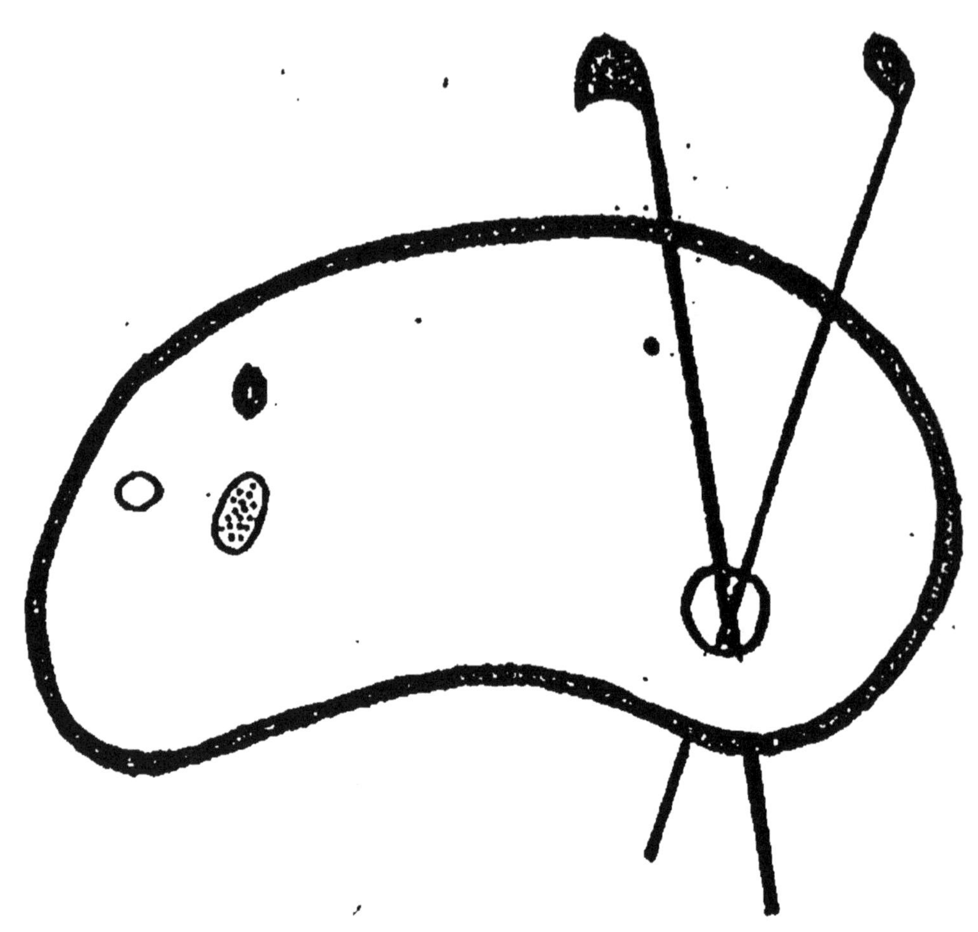

FIN D'UNE SERIE DE DOCUMENTS
EN COULEUR

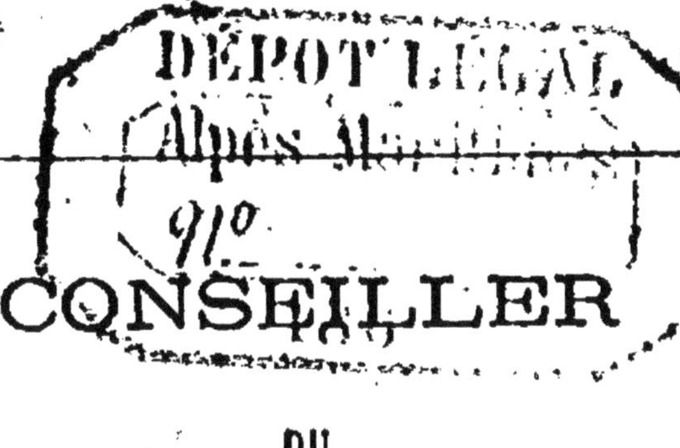

CONSEILLER

DU

TOURISTE

A NICE

ET DANS SES ENVIRONS

par

DE CARLI

Chez l'Auteur

quai Masséna, 13

et chez tous les Libraires de Nice.

1864-65.

Cordiale bienvenue à tous les Étrangers, — quels qu'ils soient, et si nombreux qu'ils se présentent! Salut, plus empressé encore, à vous, ami lecteur, qui, de même que Lazare s'échappa du tombeau, nous apparaissez, évadé de ces brumes fécondes en *spleen* et en rhumes, qui planent sur la Grand'Ville, à laquelle Alceste préférait, à raison, sa mie. — Si vous avez conquis par une magnanime résolution la clé de notre midi doré; honneur à vous! — Si vous fuyez, vaincu par les rigueurs du nord; respect au courage malheureux!

Dans l'une ou l'autre alternative, comptez sur un accueil plein de zèle, sur une hospitalité à votre gré, et à des prix modérés.

Vingt heures vous ont suffi pour franchir tous ces degrés de latitude qui nous séparaient; et accomplir cette étonnante conversion de climats dont vous jouissez. Pas plus qu'il n'en fallut au Dante, pour monter du Purgatoire au Paradis. Pas plus qu'à Rousseau, à Sterne, ou à Beaumarchais, pour effectuer, en coucou, de Paris à Trianon, une tournée de philosophes observateurs, à l'époque où la capitale n'était plus qu'une dépendance de Versailles.

Abasourdi de locomotion, vous avez voyagé dans une tourmente de grincements métalliques, de hoquets de locomotives; vous êtes las de ménager les exigences de vos voisins de coupé, de vous endolorir les extrémités dans des attitudes d'auditeur de discours académiques, de couver sous vos semelles les cylindres d'eau tiède du wagon; — craignant d'être happé à la descente du marchepied par l'onglée, laissée hier à la portière du véhicule, vous vous éveillez de votre torpeur sous les irradiations éblouissantes de notre zône australe. Quand les cheminées du septentrion dégorgent leurs volutes de fumée; quand moissons, vendanges sont serrées dans les granges et les celliers; les cailles, les hirondelles, circonspectes, gagnent à tire-d'aile les reposoirs de feuillée odoriférante et l'été inamovible de l'Ethiopie. Elle est enfin venue l'époque prospère, où l'Homme, roi de la création, se décide à rattraper les volatiles, les émigrants subalternes, et à rompre les déplorables relations qu'il entretenait avec les autans.

Dignes d'envie sont ceux à qui leurs moyens permettent cette chasse au soleil, ce stage sur les plages auxquelles, il n'est jamais infidèle. Nous les prions d'en agréer nos sincères félicitations.

A peine les ablutions du touriste sont-elles achevées, que vous vous élancez hors de l'hôtel, pour vous convaincre que vos articulations n'ont rien perdu de leur souplesse, pour vous assurer que des deux immensités d'azur, qui émerveillent vos prunelles, la première est le ciel, voué implacablement au cobalt idéal de Zeuxis ou de Claude Lorrain; la seconde une vraie mer, transparente à force de sérénité, et non pas un de ces facétieux mirages que le soleil déroule dans certaines contrées lointaines, pour intriguer les voyageurs. — Il y a aussi pour vous une sensualité de gourmet à vous enivrer, à pleins poumons, de cette quintessence d'oxygène savoureux, qui succède au mélange de suie, de houille, et de givre fondant, atmosphère réelle des métropoles du nord. La brise, saline, iodée, des golfes, les effluves des aromates des montagnes distillent ici, en s'unissant, un elixir de longue vie, à désespérer les plus doctes pharmaciens.

Nous ignorons quel hôtel privilégié vous accueillit. Tous occupent à-peu-près le centre de la ville. En élisant l'axe de la cité, c'est-à-dire le Pont-Neuf, pour point de départ et de ralliement, nous attachons le fil d'Ariane presque à votre porte et nous prenons tous nos avantages, pour vous guider vers un aspect d'ensemble et une perspective générale.

Il est rationnel de se diriger à tour de rôle vers chacun des quatre points cardinaux : la cité de Nice se prête à cette excellente orientation, féconde en points de repère, faciles à retrouver, et systématique à la majorité des touristes, qui ne marchent pas à l'aveuglette.

Au plein sud — la mer, dénoncée par les scintillations qu'elle décoche aux regards à l'angle de la place des Phocéens, c'est-à-dire vis-à-vis du spectateur, sortant de son domicile électif. Elle est atteinte en une centaine de pas, en inclinant vers l'embouchure du Paillon. Par conséquent, élimination forcée.

Restent trois régions nettement indiquées:

Est. — Quai du midi, terrasses des Ponchettes, le Château sur sa falaise altière prolongement sur le Port: le môle du fanal. — Une suite rectiligne de parfaits belvédères, pour inspecter lestement, sommairement la Baie-des-Anges, à vol d'imagination.

NORD. — Larges voies retournant au débarcadère du chemin de fer, aboutissant à des avenues de villas pimpantes, de parcs où les corolles sont éternelles, les fruits beaux comme des fleurs, et qui s'étagent sur les redans ombreux du Chaudmont (*Mont Càau* dans l'idiôme vernaculaire cher aux troubadours).

OUEST. — Quai Masséna, Jardin Public, Promenade des Anglais; — une heure de paisible investigation, à pied ou en voiture, à travers le congrès européen, — sur des perspectives, grandioses de prime abord, qui, cependant, deviennent de plus en plus prestigieuses, au fur et à mesure qu'on avance. — Cédons aux attractions de ce côté-ci : un prompt enchantement nous récompensera de notre préférence.

I. — DIRECTION OUEST.

D'abord un quadrilatère, où se croisent tous les chars de la contrée, fourgons, grondantes diligences, chaises de poste, gentils corbillons attelés des infatigables poneys des makis de la Corse, calèches aux panneaux armoriés, foule roulante à laquelle s'unissent les fins boghcis d'Albion, les droskis slaves, les frêles américaines, tous les véhicules fantaisistes qu'introduisent les sportmen étrangers; — J'ai dit la place Masséna, aux édifices plus pompeux que corrects, dont les cintres à pilastres seraient salués comme des hâvres de sauvetage, comme des refuges, ouverts par la philanthropie urbaine, sous un ciel morose, pluvieux; mais qui, sous ce firmament, où pétillent le saphir et le béril, n'ont d'autres attributions que d'évoquer quelques vagues réminiscences des arcades Rivoli, ou de certains carrefours, froidement réguliers de Nancy, de Turin. A moins qu'ils ne soient là pour servir de vestibules aux deux cercles les plus judicieusement hantés de la ville. — L'un, (Des Alpes-Maritimes), composé du personnel ministériel, précieux, par conséquent, à fréquenter pour l'exactitude des renseignements officiels qui s'élaborent dans ses causeries de fonctionnaires. — L'autre, — plus superbement mondain, préférable pour son aménité envers les étrangers de distinction, pour l'inépuisable série de fortes distractions qu'il offre à toutes les opulences, pour qui l'adjectif blasé vient de blason (Cercle Masséna). Dans un pan de son ombre épicurienne, il cache le Théâtre Français.

Puis, — subitement, étourdissant de lumineuse allégresse, d'air raffiné dans l'espace, s'ouvre le quai Masséna, garni de balustrades de fonte, récemment élargi, non pour laisser passer plus commodément la magnificence des Rois, comme en 1538, où François Ier, Charles-Quint et le Pape y jouèrent une répétition du Camp-du-Drap d'or, mais la multitude zélée des butineurs de rayons, des mages modernes, qui courtisent le soleil, dans toutes ses évolutions. — A droite, beaux magasins, de corailleurs napolitains, d'antiquités et de bric-à-brac esthétique, d'émaux et laves à têtes de camée, d'horlogerie génevoise, de dentelles, de guipures de Gênes, et de marqueterie indigène, toutes variétés de fanfioles et d'atours, qui rendent la coquetterie triomphale, et minent les scrupules de la parcimonie. En termes de joaillier: au collier de fins diamants, on donne la gemme la plus précieuse pour fermoir. Ainsi de notre quai, à son dernier angle, se trouve une boutique-boudoir où les souverains en retraite d'emploi, qui préfèrent un bouquet de violettes à leurs ordres de chevalerie, font décorer leur boutonnière par le fleuriste A. Karr. Que de camélias étincelants, qui ne valaient pas les auréoles de ses héroïnes, il a suspendus aux tempes des ladies humoristiques tout en combinant dans sa tête, d'où se sont envolés tant de malicieux et poétiques romans, tant de guêpes sans venin, quelque bouquet de roses chromatelles, semblable à celui que l'Impératrice Eugénie choyait, pour étrennes, dans ses mains augustes, cette année, tandis qu'Elle recevait les grands Corps de l'État. L'illustre Clélie et le célèbre Conrart couraient à Vincennes contempler les œillets que Condé captif

Arrosait d'une main, qui gagna les batailles,
Et, songeant qu'Apollon bâtissait des murailles,
Ils ne s'étonnaient plus de voir Mars jardinier.

A leur exemple, ne soyons pas surpris de voir l'auteur de *Geneviève*, l'héritier d'Aristophane, agencer les merveilles du printemps, avec une suavité de nuances qu'eussent enviée pour leurs pinceaux Brenghel-de-Velours, Van Huysum et Saint-Jean ces raphaëls de l'horticulture. — Au-dessus des étalages tentateurs, règnent des hôtels, qui, malgré leur faste, ainsi que le Cid, affrontent les nouveaux débarqués et n'en craignent pas le nombre. C'est à croire qu'ils ont des parois en gutta-percha; tant ils se prêtent élastiquement aux envahisseurs et à leurs bagages. Pourtant jamais les touristes, suivis de leur escorte en livrée, ne se trouvent à l'étroit sous les plafonds à fresques romaines de ces résidences, au sein des innovations du luxe ingénieux de la France, combinées avec les exigences du comfort anglais, dans un éclectisme exquis.

D'aucuns adossent leur pignon à des salles de bal, de concert, que Paris et Londres revendiqueraient, si ce n'étaient les frais d'emballage et de transport. A leurs échos charmés, les conservatoires lyriques de notre patrie ou de l'Italie prêtent leurs meilleurs virtuoses, quand ils font l'école buissonnière dans nos bocages d'oliviers, afin de savoir si nos lauriers sont coupés. — A gauche, le regard sonde un de ces horizons, dont la profondeur n'a pour limites que la portée du rayon visuel. Les grands décorateurs d'opéra, Cicéri, Séchamps, Philastre, se fussent pâmés, en essayant de le transporter sur les toiles de fond de leurs féeries. Ce ne sont pas des arbres qui bordent le trottoir. Ce sont peut-être des éventails en plumes de paon, de paradiséa, pareils à ceux que les bayadères balancent sur la tiare des radjahs d'Arrakan et de Java. — Remarquez le tour de force : au lieu de planter tels arbustes frileux de l'Europe méridionale, du genre de ces époussettes malingres, qui s'étiolent dans les caisses vertes des Tuileries, — grenadiers auxquels les manolas sévillanes empruntent les castagnettes du boléro, — lauriers dont la récolte incombe aux charcutiers et la dîme aux poëtes, — myrthes de Paphos révérés de nos concitoyens les Vanloo, — les Ediles ont fièrement arboré dans le macadam le roi des déserts, le végétal exclusif de l'équateur et des oasis, pour qui les feux de la canicule ne sont que de la Saint-Jean, le sublime phénix dactylifera des prophètes et des patriarches. — Qui peut le plus: peut le moins! — Partant de cet axiôme, les Niçois prouvent qu'il n'est aucune semence qui ne s'épanouisse dans leur sablon. — En voyant les stipes grêles à écailles, les frondes de verdure de ces dattiers, nos troupiers qui reviennent de pourchasser, dans le Bilud-Djérid, par delà l'Atlas, les bédouins, meurtriers du colonel Beauprêtre, — se croient encore dans les étapes africaines de Tuggurt ou de Zaatcha. — Au-dessus de ces palmiers, s'évasent les rondeurs fluides de la Baie des Anges, que frôlent les pattes roses des mouettes-rieuses, des goélands. A l'occident le promontoire de Sainte-Marie de la Garoupe effile dans l'onde son glaive d'espadon, couronné d'un phare et d'une chapelle.

Le Jardin Public. — Station délicieuse pour déplier un journal, qu'on n'est nullement condamné à lire. — Une corbeille d'aromates! — Contrairement à l'adage: « Mauvaises herbes sont bientôt poussées. » — Céans, ce sont les fûts les mieux empanachés, les benjamins de Cybèle, qui croissent à vue-d'œil, à l'effet d'étouffer toute tige qui n'a pas les grâces du contour et les senteurs exquises. Autant de rejetons autant d'alambics, distillant dans leur sève des parfums pénétrants. L'éternelle Pénélope ajoute, chaque matin, des lacis à sa tapisserie, sans supprimer le canevas odorant de la veille. Avec les précautions d'un lampiste d'opéra comique, qui force la rampe à s'éclipser, avant les imbroglios et les scènes de tendresse, elle épaissit les feuillées; elle assourdit les clartés, pour faciliter l'incognito et les rendez-vous; et vise à changer, en peu de saisons, les allées en tunnels mystérieux. Les haies d'églantine ont les privilèges des Bois-Sacrés. L'haleine de la mer, qui, à Saint-Hospice, au Lazaret, sur la *Chiaia* napolitaine, broute les acacias et les transforme en fagots, moins réguliers que ceux du médecin Sganarelle, ici, respecte leur frondaison. Elle craindrait de déranger une vignette de clématite ou les étamines d'une viorne. L'hiver s'en écarte avec un pieux respect; et, la nuit, les cantonniers dérobent des pompes à incendie, pour laver d'une aspersion lustrale les rameaux poudreux. — Aussi, comme les esquines, aux graines de corail, aux brindilles poivrées, qui fournissent de si suaves essences aux tribus de la Floride, — comme les daturas, ouvrant les corolles égales aux cloches de paroisse, les tulipiers, les catalpas péruviens, les bellasombras se divertissent à composer les coulisses de ce décor, digne de l'Astrée et des bergerades de d'Urfée. La *Piazza Vittoria* de Malte offrirait, seule, un pareil luxe de végétation. Le jet d'eau s'évade des nymphéas, en adagio, et lapide, en égrénant son rosaire de chaudes gouttelettes, les cyprins de la Chine, flambants poissons, tisons inextinguibles de tout bassin seigneurial. Des cousines de Miranda, des Ecossaises, dont les traits ont été ravis à quelque keepsake, gravé d'après Lawrence, honteuses de l'incarnat que notre température élyséenne ajoute à leurs joues, naguère allanguies par les brumes natales, cachent ce coloris inattendu sous les fines dentelles du Devonshire. — Des marmousets, costumés en boyards d'Ivan le Terrible, bravent leur gouvernante helvétique et, pour attraper les papillons, déchirent aux buissons leur foufaïka de velours, en raidissant le jarret dans de bottes de maroquin vert, avec des cambrures de futurs hetmans cosaques. Des babies valaques sautent à la corde avec de mignonnes milanaises, au teint de pêche, ornées d'yeux qui font le tour de la tête. Un belge et une saxonne achèvent une idylle, commencée à Ems, en échangeant des mèches de cheveux. Un lord anglais promet à un gros banquier batave la revanche d'une partie d'échecs, perdue à Singapoor. Un magnat madgyar, vêtu d'un atila à brandebourgs, demande à un yankee, qui retourne dans son Amérique de lui expédier quelques vigognes, pour peupler ses steppes de Strygonie. Deux Suédois miment l'effroi, en reconnaissant une comtesse livonienne, qu'ils ont maudite à Berlin, à cause de ses rigueurs. Au bord de la chaussée, un officier français, qui dresse un barbe pur-sang, conquis dans la dernière razzia, voulant éviter un franciscain de Cimiez, au crâne rasé, aux reins sanglés d'une corde, qui sue dans son froc en quête de la pitance du couvent, — heurte un quaker, préoccupé d'une boîte à herboriser et juché sur un âne. — Décidément la population terrestre s'est donné rendez-vous à l'angle de ce parterre.

Deux fois par semaine, les Étrangers cèdent, avec courtoisie, le square au ban, à l'arrière-ban des Niçois qui, pour montrer qu'ils n'ont aucun ressentiment contre leurs pacifiques envahisseurs, assistent, ponctuellement et en atours, à l'éruption de symphonies, tour-à-tour galantes ou martiales, dont les régalent les cratères de cuivre et les clarinettes de la garnison.

La **Promenade des Anglais** doit son nom, sa fondation à la générosité d'un peuple, qui sait se servir correctement de l'opulence et de la morale; et qui, en fait de sauvegarde appliquée à la dignité humaine, n'en demeure pas aux théories. Pour empêcher des nuées de persécuteurs de s'avilir par la mendicité, la Colonie Britannique créa un capital, à dépenser non en dégradantes aumônes, mais en salaires, puissant moyen de réhabilitation. — Le projet d'une quasi-restauration de la Voie Aurélienne, parallèle au littoral, fut accueilli avec faveur. Exhortation à tous les nécessiteux de se transformer en pionniers, chacun au prorata de ses forces suivant l'Evangile *de la onzième heure*, à beaux deniers comptants. Le lendemain, un des problèmes les plus ardus de Malthus, d'Adam Smith, avait solution : la plaie du paupérisme était fermée dans la Ligurie Phocéenne. Tous les solliciteurs de charités, saisis d'une prestesse panique, déguisés en capitalistes millionnaires, avaient disparu vers les séjours où la démocratie des *Soppiatônes* continue les types de Jacques Callot, dans des guenilles séculaires, et vit de béats loisirs, dorés par les largesses extorquées à la lassitude des passants. La Municipalité doubla le remblai primordial, qui égale, — s'il ne surpasse, — les avenues les plus à la mode, les préaux d'où l'attention embrasse, sans se lasser, un pan de l'Infini. Les terrasses de Saint-Germain de Montpellier, d'Odessa, la Villa-Reale de Parthénope ne sont pas mieux réussies dans leur prolongement, n'abandonnent pas à l'admiration surveillance sur des régions si vastes ; ne livrent pas aux équipages patriciens, aux attelages à la Daumont, aux cavaliers de parade, au dandysme triomphal, circulation, unie, dégagée, sous les yeux d'une si fashionable galerie. Entre les aigrettes du tamarix, ami des isthmes, les plants d'alaterne et de daphnés toujours verts, de cassie enivrante, de mimosa sebbek, venue du Nil, s'achemine une foule illustre, mêlée de monarques, costumés en passants, qui se donnent de l'incognito à cœur-joie ni plus, ni moins qu'à l'opéra buffa, *Il Bondocani*, dans le Calife de Bagdad. Leur indifférence renverse le préjugé propagé par les atouts du jeu de piquet dans la multitude, à savoir que les majestés n'apparaissent jamais, sans avoir la couronne à fleurons d'ache au front, des cheveux frisés en repentir, toison d'or au col, chlamyde d'hermine, soutane de vair, un sceptre dans la dextre, un globe à l'autre main, à la façon de David, Mistigri, Argine, éclairés par des constellations orageuses, en forme de trèfle où de pique. Donc, — flâneurs du commun des martyrs, marchez, avec autant de respect, que si vous fouliez aux pieds le corps d'un créancier endormi, ou la tombe d'un homme de bien. Glissez, mortels, — n'appuyez pas, de peur de heurter du coude une altesse, qui savoure ses loisirs, en feignant de ne plus reconnaître son escorte de chambellans. A plus d'un pâle adolescent, en redingotte, de même que les sorcières à Macbeth, la noire sybille à Joséphine Beauharnais, la vieille suédoise Britte à Philippe d'Orléans, les buissons murmurent les mots fatidiques: «Tu seras roi...!» — Sur cette levée, au pied de laquelle, à l'exemple des lions, devant Daniel, les vagues ronronnent, font le gros dos, avec des câlineries de chatte; ont défilé les grandeurs suprêmes et les illustrations de ce monde: Madame de Berry, la veuve de l'Empereur Nicolas et Daniel Sterne; — ceux qui jouèrent avec le diadème, et ceux qui espèrent le laurier capitolin de Pétrarque: souverains de la Bavière, du Wurtemberg, de la Prusse, grands-ducs de Russie, tous les princes et les herzogs de l'Almanach-Gotha, à côté des gloires, toujours grandissantes, de la plume, du pinceau, de l'archet; — héritiers des trônes de Suède, de Belgique, et successeurs aux fauteuils d'Académie; — les réformateurs enjoués, les savants inventeurs, les génies-portiers de l'Idéal, délices des générations présentes et de la postérité: Dumas, Scribe, Karr, Meyerbeer, Decamps; Halévy, de Banville, H.

Vernet, de Maistre, Gay, Lussac, Lizt, David d'Angers, frappé, au cœur, par l'exil, Bulwer, Boyeldieu, Delaroche, Houssaye; — les voix qui poussent les armées: Napoléon III, Victor-Emmanuel, Garibaldi, la Marmora; — les oracles du sentiment populaire, qui remuent les âmes: E. de Girardin, Casimir Périer, Cavour, Garnier-Pagès; — ceux qui comptent les suffrages dans les parlements: Sauzet, lord Brougham; et ceux qui supputent les trésors des banques: Cobden, Mirès, Rotschild..... — Dans ce pavillon; vécut la beauté surnaturelle, Pauline Borghèse, dévolue tout entière à la mort, si Canova ne l'eût transmise à l'adoration des siècles. La résidence contigüe consola Hussein, Dey d'Alger, sultan des corsaires, du coup de chasse-mouches, qui lui coutait le pouvoir absolu.

J'espère que ce Livre d'Or a des feuillets estampés de noms magiques? Allez donc, comme ceux qui les portent si bien, jusqu'au bout de leur esplanade, à l'entrée du Pont Magnan. Là, volte-face! Étreignez d'un coup-d'œil l'hémicycle de la contrée. L'ensemble rappelle Palerme. — En face de vous, au levant, ce récif, que sape la houle, c'est la presqu'île de Saint-Jean, rempart des vaisseaux mouillés dans la rade de Villefranche. Sa tour, pâle flambeau, phare à feu tournant, la nuit mesure les solitudes d'amertume avec son compas de lumière. A l'autre plan, un morne, à tons ardents, à falaises inaccessibles, deux monts soudés ensemble : l'Alban et le Boron. A la cime, une forteresse en miniature, érigée par l'inventeur de la stratégie défensive, par Vauban lui-même. Des talus, l'on distingue un coin de l'Italie et la barrière solennelle des Apennins. A l'angle sud, des dômes en bulbe de tulipe, des gencives de créneaux, copiés dans l'Indoustan au Tadj-Agrah, ou à la citadelle de Futhpoor, par un colonel du Génie, échappé à ces effroyables révoltes mahrattes, qu'il domptait à coups de trompe d'éléphant et de tactique anglaise. A la base, une colossale caverne, repaire des troglodytes Védiantiens, découverte par Gargantua, qui y rangea ses amphores. Au rebord des grèves, le palais Cadore à frises d'émail, escamoté à Venise sur la sylphide Taglioni par la plus merveilleuse cantatrice ; la Lucine, l'unique marraine que Meyerbeer réclamait pour accoucher de son *Africaine*, qui ne sera qu'une fille posthume. Ensuite le môle, déjà dévoré trois fois par le ressac ; le fanal du port, cyclope nocturne, à la prunelle d'escarboucle ; le bloc grandiose du Château, antique socle de l'acropole hellénique, de la république phocéenne, de la commune féodale, évaporée dans le ciel avec ses bastilles, sa cathédrale, dans l'explosion de la poudrière allumée par une bombe qu'avait pointée ce mélancolique philosophe, nommé par les mousquetaires *le père La Pensée* et par l'histoire le maréchal Catinat. A l'épaulement de la forteresse foudroyée, devenue un bocage aérien, où les paons glapissent, entre les branches des cytises, une redoute allonge les gueules noires de ses caronades, qui, parfois, ébranlent l'horizon des salves cérémonieuses ; et la tour Bellanda-Clerissy arrondit ses assises dont un lingot, déterré en Californie, a soldé la bâtisse. Dans l'abaissement serpentent les promenoirs des Ponchettes, balcons avancés des oisifs frileux, derrière lesquels fourmillent les demeures, les clochers de l'enceinte plébéienne, essaim sorti de la ruche marseillaise, le jour où l'astronome Pythéas, le pilote Eumène, précurseurs des Colomb et des Gama, rapportèrent aux éphores de la Cannebière les échantillons des denrées du globe, la carte des continents, des archipels, inconnus avant eux. Au dernier ressaut, les façades du quai du Midi, baignées de teintes rosées, hâlées de tons d'ambre, étamées d'un bouillonnement lumineux, comme si on les abritait sous un globe de cristal, à l'imitation des pendules à troubadours en bronze doré, des bouquets de mariage, qui remplacent les Dieux Lares, sur la cheminée des épiciers à leur aise. Impossible de se mieux poster, pour voir qu'à l'extrémité de la Promenade des Anglais. De là, l'optique est nette, lucide. On peut juger la ville compacte, avec ses profils à leurs rangs, sans erreur d'appréciation.

Conclusion: quand Cortez arriva à Mexico, il y trouva quarante-un temples dédiés au soleil. A Nice, même religion, mieux comprise: la ville n'est qu'un spacieux sanctuaire consacré à l'astre du jour. Ses zélateurs sont soixante mille. Autant de carrefours, autant de chauffoirs publics, où chacun, prenant modèle sur le lézard qui se dépouille au printemps de sa cuirasse frippée, répudie les infirmités gagnées ailleurs. L'aire de la ville est si resserrée qu'on la pourrait comparer à l'alcôve d'un convalescent ou mieux à la niche d'un saint, taillée dans un portail de cathédrale. Le Chaudmont, réverbérant le calorique, dresse son infranchissable abri entre nos rues thermales, nos orangeries et le Nord. Il interdit accès à la moindre bouffée du septentrion; fut-elle travestie en zéphyr.

II. — DIRECTION EST.

Partant toujours de la place Masséna, traverser le Pont-Neuf; — cheminer, plus ou moins, moyennant qu'ensuite on oblique obstinément vers la droite: certitude qu'on atteindra le bord de la mer. Là, élévation suffisante sur tous les points du parcours, pour inventorier à revers une des vues d'ensemble, opposée à celle d'où l'on s'est posté de prime abord. Donc, allons rapidement au terme de notre itinéraire, — c'est-à-dire au CHATEAU:

SUIVRE A GAUCHE le Boulevard, au-dessus duquel les platanes épandent, en été, sur les promeneurs le froid condensé chanté par le poète épicurien de Venouse; continué par une place spacieuse, régulière, qui attend sa fontaine décorative. Au centre de ce quadrilatère, l'artilleur Buonaparte fit rentrer dans la discipline deux légions mutinées, avec une harangue irritée, empruntée à César (place Napoléon); — puis, une rue large, aux ruisseaux murmurant dans leur chenal, laquelle se bifurque en deux embranchements — l'un génois, l'autre turinais, qui conduisent en Italie.

DROIT DEVANT VOUS. Traverser l'hémicycle de la place Charles-Albert et la rue, son rayon prolongé. En face, — la Banque, excellente occasion pour changer le billet du portefeuille contre la monnaie indispensable à une station provisoire. — Suivre la rue Saint-François-de-Paule, à quelques pas, l'opéra italien, où, souvent, une galerie de souverains, identique à celle du congrès d'Erfurth écoute religieusement les virtuoses, soustraites à prix d'or à la Scala de Milan, l'élite des lauréats de la péninsule latine, la fleur des gosiers séraphiques, qui ne négligeraient jamais de faire applaudir leur *ut* de poitrine par le dilettantisme délégué de l'aristocratie européenne ; car le lendemain d'un triomphe à Nice, on est sollicité à Saint-Pétersbourg, aussi bien qu'à Vienne, et, pour vous, la Fortune est pleine d'agaceries. A l'angle du théâtre, entre cet asile d'Euterpe et les bains, que cherche d'habitude le voyageur, la Méditerranée apparaît; s'affirme, autant par sa fraîche haleine que par le tumulte de petits palets, avec lesquels elle jongle. Un clin-d'œil, et vous atteignez le Quai du Midi. — Trottoirs en mosaïques de galets, inventés par un fabricant de bottines, pour pousser à la consommation des chaussures. Bancs accaparés le soir par la bourgeoisie nonchalante. Le Café Américain élève, sous ses grilles, temple contre temple, orchestre contre orchestre ; vraie succursale du Casino, de l'Alcazar marseillais. Là ne se pose jamais la question incongrue de savoir; si c'est la musique qui fait avaler les rafraîchissements? ou si ce sont les rafraîchissements qui font passer la musique? — Ces deux catégories de délices sont également irréprochables.

Un escalier de marbre accède aux terrasses. — Les Ponchettes renferment de jolis intérieurs, très-habitables, et très-recherchés. Elles sont en casemates, non pas qu'elles aient à redouter les bombes des flottes ennemies; mais pour éviter que leur voisine, cette mer, si doucereuse, si clémente à sa posette, — dans un ras du large, dans une frasque soudaine, ne les éventre et ne s'ouvre une large brèche dans leurs décombres. Ne pas se fier à l'eau qui dort, a dit le fabuliste. La Baie des Anges, bien que privée des phénomènes du reflux, a, comme madame Denis, des retours, quisurprennent toujours. Dans ces fantaisies, une ou deux fois par semestre, saisie d'un formidable emportement, elle fait mine de sortir de son lit et de tout engloutir. — Le double promenoir plane d'un côté sur le Cours, large allée d'arbres, bordée de cafés, restaurants, d'agences de navigation, pour les bateaux à vapeur de Marseille, Cette, Gênes, Livourne. — Au centre, écartement qui laisse apparaître les cariatides et le jardin de la Préfecture. A la première encoignure, se trouve une des façades de la librairie, des salons de lecture, et de la bibliothèque Visconti. Sanctuaire unique, ouvert à la méditation et à la vie largement intellectuelle. Nulle part, en Europe l'on ne rencontre une averse de gazettes, revues, illustrations périodiques, comparable à celle qui inonde le tapis académique de ce cénacle. A Berlin, à Vienne, à Londres, tel cabinet littéraire revendique les journaux allemands; tel autre spécialise les feuilles slaves. Mais notre établissement a pour tâche de satisfaire à un public polyglotte, qui se rattache à tous les trônes. La Presse de tous les idiômes, de toutes les races, accumule sur les rayons ses imprimés quotidiens. J'y ai trouvé le *Djéridé Havadis* des Ottomans, le *Kolokol* et le *Czas* des Sarmates. Dans ses chaires curules, dignes d'un sénat, s'intronisent, en souriant, les diplomates, en rupture de ban, qui viennent épier les intentions, les complots qu'on leur prête dans les brochures doctrinaires et les pamphlets, tandis qu'ils ne songent qu'à se délecter dans notre soleil. — Quinze jours avant le Carnaval, les estrades du Jardin Visconti sont retenues à prix d'or. Car aux Saturnales, les phalanges délirantes, que dévore l'ambition d'être lapidées par les mains des beautés princières, se ruent au-bas de cet olympe. C'est le trône virgilien du dieu Eole. Frimas, neige, grêle, tous les météores inconnus à Nice, jaillissent de ce trône joyeux; en trombes cinglantes de farine, de bonbons, de violettes, sur les chars et les maroufles à museau de carton, qui ripostent par des salves furieuses de dragées, de bouquets.

On monte au CHATEAU en voiture, et l'on frôle la maisonnette de ce corsaire Bavastro, qui, après avoir prélevé des millions sur le pillage des escadrilles anglaises, durant le Blocus continental, couronna une carrière héroïque digne de Surcouf et de Jean-Bart, en arborant, le premier, sur les murs d'Alger, la hampe à fleur de lys et le drapeau blanc de la France. L'ascension introduit dans des bocages d'une gracieuse irrégularité. Des massifs d'ailante et de viorne sortent les piédestaux de Notre-Dame de l'Assomption. De là, quand l'atmosphère rafraîchie, dépouille son ébullition, à l'aurore, l'on distingue, vers le sud, à ces altitudes indécises où finit le firmament, où commence la mer Tyrrhénienne, une noire silhouette: sept pics, qui s'aiguisent avec la dureté du fer. C'est la grande Cyrnos des anciens, la Corse, terre natale de Napoléon Bonaparte. A gauche, une pyramide émoussée (St-Florent); au centre une aiguille altière, cime de Calvi; parfois un météore pourpre rayonne sur une falaise (*Isola Rossa*). Après une brèche, des triangles sombres caressés d'un nuage: les sommets brisés d'Eviza. — Près de vous, les agaves hérissent un arsenal de glaives; les figuiers-nopals allongent leurs pinces de bronze, semblables à des pattes de crabes. Sur les cactus, les grisettes burinent avec leurs ciseaux, des cœurs en brochettes, des noms de sergents-majors et une anthologie de mirliton. A vos pieds, déferle en éventail ce paisible océan, dont les monts sont les flots; les contreforts du Mont-Càau : St-Philippe, la Brunette, Pessicart, Gayraut, aux pâles oliviers, mélancoliques autant que ceux de Gethsémani ; Brancolar, où la brise emprunte aux orangers de capiteux vertiges; Cimiez, avec son cirque, ses temples, son cloître, sur les parois duquel s'étale la mystique et naïve iconographie des Franciscains; St-Pons, fière abbaye, qui garde la pierre où Charlemagne écrivit son nom avec la pointe de l'épée, avant d'aller effacer les Lombards de la liste des nations.

Qu'on nous pardonne cette course au clocher, ce parcours à plein essor, à travers de gigantesques jalons. Notre démonstration s'adresse au TOURISTE, qui veut seulement toucher barre et repartir. Nous espérons que, vaincu par la fascination locale, il se décidera à un petit stage de quelques semaines. A celui-là nous conseillons le *Guide des Étrangers* d'Émile Négrin. Toutes les promenades, les curiosités sont là cadastrées avec une précision mathématique, une entente subtile des moindres désirs du voyageur et de ses intérêts.

Au point de vue spiritualiste, Nice offre aux penseurs des distractions de l'ordre le plus élevé. — L'hiver, athénée public, aux Ponchettes : cours d'esthétique, sciences exactes, économie politique ; — difficiles à suivre, vu l'affluence des auditeurs.

Églises Catholiques, d'une architecture de décadence, somptueusement maniérée ; orateurs théologiques en renom, italiens à la cathédrale Ste-Réparate, — français à St-François-de-Paule.

Tsèrkòve Russe du rit slavon, à visiter pour son style bysantin, son iconostase, ou porte sacrée, flamboyante d'apothéoses hiératiques, empruntées à des types inconnus en occident, la mélopée étrangement accentuée des hymnes, révélation d'une notation différente du chant Grégorien, les ornements sacerdotaux des popes et archimandrites.

Le Culte Anglican achève, à l'aide de tributs spontanément offerts, l'édification d'un temple gothique, dû aux talents réunis de MM. Smith de Londres, auxquels la capitale de la Grande-Bretagne attribue de monumentales constructions. — Outre le perfectionnement religieux, réalisé avec une pieuse constance par la prédication et la distribution des Bibles en toutes langues, la colonie protestante poursuit l'amélioration morale des familles, en disséminant entre les intelligences avides d'éclaircissements une bibliothèque, fleur d'élection, trois mille volumes, rendus chaque jour plus nombreux par les dons empressés des visiteurs. Les livres circulent gratuitement. Les indigents, à quelque croyance qu'ils se rattachent, sont appelés, chaque mois, au partage de secours en numéraire, provenant des collectes de la Sainte-Table.

BIBLIOTHÈQUE DE NICE, rue St-François-de-Paule, 2, quarante mille volumes; — précieuse collection d'éditions incunables.

BIBLIOTHÈQUE MUNICIPALE, à l'Hôtel-de-Ville, trésors de chartes, diplômes, mémoriaux manuscrits, concernant les dynasties angevines de Provence et de Naples.

BANLIEUE.

Nice serait une métropole incomplète si, dans son rayonnement, elle ne déversait un trop-plein de vitalité sur plusieurs cités environnantes, qui lui font concurrence pour la magnificence des sites et les conditions du confortable qu'elles offrent à leurs résidents. — En premier lieu :

Cannes, enclave découverte, suivant une assertion récente du *Charivari* par Lord Brougham. Retranchement anglais, comme Cythère, Malte, Gibraltar, Périm. Le parlement s'y rassemble en tapinois;

pour comploter des corruptions financières, tendant à obtenir le secret des populations provençales sur une aussi fabuleuse usurpation en plein dix-neuvième siècle. On permet aux français d'une tenue digne et réservée d'y séjourner momentanément. On vient à Nice pour passer une saison : — à Cannes, pour y bâtir une reproduction de Windsor et y vivre à perpétuité. Pour horizon, l'archipel enchanteur de Lérins, les méandres murmurants de la Siagne, sous les parasols des pins d'Alep. — Suppression des saisons par quatre printemps de rechange, qui montent le quart, à la façon des midshipmen, sur l'almanach.

Villefranche. — Rade grandiose, ressemblant à cette baie de Kamiesh, où se rassemblèrent les flottes, coalisées pour bombarder Sébastopol. Aire d'évolutions navales d'escadres françaises ou russes et de tir de frégates cuirassées. Décamps a levé, dans ses carrefours, plus d'une vue flambante, soi-disant prise à Jaffa, ou à Samos. (Se défier des peintres de génie !).

Menton. — Au pied du Mont-Agel. Rue interminable qui commence en France et finit en Italie; nombreux hôtels d'un grand style. Elle est à Nice, ce que Saint-Germain et Fontainebleau sont à Paris. Les personnes de qualité s'y sauvent parfois, chacune de son côté, pour fuir la dépense et les toilettes fashionables. Ce qui fait qu'elles s'égaient beaucoup en compagnie des gens qu'elles délaissaient et qui ont eu, séparément, la même idée.

Monaco. — Lieu de perdition, où l'on va allégrement, et d'où l'on revient, en écrasant le destin de quolibets, pour le narguer. Charmante traversée par mer sur le paquebot en miniature *La Palmaria*. On risque de faire une scandaleuse fortune, en regardant tourner un piège à alouettes, système de Bade et de Hombourg ; ou, tout au moins, d'apprendre à philosopher sur le néant des espérances, en commentant la gastronomie transcendante à l'Hôtel du Cercle. — Musique digne du Conservatoire de Vienne. Deux symphonies par jour, pour étourdir les remords de ceux qui ruineraient la banque, et écorneraient le budget du Prince Régnant.

AVIA.

Prière au lecteur de lire, — à la fin du volume, — la notice consacrée aux **Sources Thermales et Bains de Berthemont.** (*Voir la Table des Matières*).

HÔTELS.

On trouve à Nice, comme dans toutes les localités de Bains, de grands et magnifiques hôtels, où les prix varient selon l'importance des appartements et du service que l'on exige; en général, nos prix, si on veut rendre justice, ne sont pas plus élevés que dans les hôtels des grandes villes. Indépendamment des vastes hôtels, il y en a d'autres, de second ordre, qui n'en sont pas moins très confortables et aux conditions modérées de 6 à 8 francs par jour, service compris.

Grand hôtel Chauvain, quai St-Jean-Baptiste, 55, 57.
Hôtel des Anglais, Jardin-Public, 2.
— **de la Grande Bretagne**, Jardin-Public, 5.
— **Victoria**, promenade des Anglais, 29.
— **des Etrangers**, rue du Pont-Neuf, 6. Maison universellement connue, beaux appartements et chambres au midi, jardins, table d'hôte, service particulier et à la carte; bains, journaux dans l'établissement. Prix modérés.

Hôtel de la Méditerranée, promen. des Anglais, 23.

— **de France,** quai Masséna, 11.

— **et Pension Suisse,** rue Masséna, 25. Cet hôtel est situé en plein midi, avec jardin, à l'abri du vent et de la poussière. Table d'hôte. On s'y loge à volonté. Prix modérés.

— **et Pension Besson**, rue Carabacel, près du Temple Vaudois. Cet hôtel, très-recommandé, situé en plein midi, meublé tout à neuf, à l'abri du vent et de la poussière, avec jouissance d'un jardin, a l'avantage d'être à proximité de la ville, des promenades et des théâtres. Prix très-modérés. Excellente cuisine.

— **Paradis,** boulevard du Midi, 15.

— **des Princes,** rue des Ponchettes, 13.

— **Royal,** boulev. de l'Impératrice.

— **Helvétique,** rue de France, 52.

— **du Louvre,** rue Grimaldi.

— **d'Angleterre,** Jardin-Public, 9.

— **d'Europe,** rue de France, 38.

— **Orangine**, quartier Brancolar, montée de Cimiès.

— **de l'Univers,** place St-Dominique.

— **du Nord,** rue St-Franç.-de-Paule, 19.

— **Bellevue,** Chemin St-Étienne.

HÔTELS-RESTAURANTS.

Hôtel-Restaurant du Prince Impérial, tenu par Ferdinand AUGIER, avenue du Prince Impérial, 1, près de la place Masséna. Cet établissement se recommande particulièrement aux étrangers par l'ordre et l'activité dans son service, par le riche ameublement de ses salles et salons, en même temps que par la modicité de ses prix. — Diners particuliers et sur commande ; service à la carte.

— **des Colonies**, rue Charles-Albert, 2.

— **des Deux Mondes**, avenue du Prince Impérial, 6.

— **des Dames**, sur le Cours, 12.

— **de Lyon**, descente Crotti, 10.

PENSIONS.

Pension de Carabacel, rue St-Barthélemy, 16, *bis*. — Cet établissement (de premier ordre) répond parfaitement au besoin qui se faisait sentir dans le quartier de Carabacel, recherché toujours par les personnes que leur poitrine délicate ou leur irritabilité nerveuse oblige à se fixer dans une localité d'une température douce et à l'abri des vents.

Pension des Étrangers, tenue par P. MATTIA, r. St-Barthélemy, 10, au quartier de Carabacel. Cet établissement est situé dans une position des plus agréables, au milieu d'un très-beau et vaste jardin. Trois ans d'exercice à la plus complète satisfaction des étrangers qui l'ont fréquenté, lui font espérer de nouveau une nombreuse clientèle.

— **Mars**, rue Carabacel, 9. Cette pension, admirablement placée au midi, au milieu des jardins, réunit tous les agréments de la ville et de la campagne, et se recommande spécialement par sa bonne cuisine, par les soins tout particuliers que son propriétaire apporte dans le service, ainsi que par la modicité de ses prix. — Service à la carte ; dîners en ville.

— **Anglaise**, promenade des Anglais, 69, et villa Visconti à Cimiès.

— **Helvétique**, rue Longchamp.

— **d'Italie**, rue des Ateliers.

— **Rivoir**, promenade des Anglais, 21.

— **Russe**, rue Chauvain.

— **Deporta**, rue de France, 90.

RESTAURANTS.

London House. — François Vitali, 3, *rue Croix-de-Marbre, près le Jardin-Public.* — Taverne Britannique et restaurant de société. — Roastbeef, Beefsteak, soupe à la Tortue et Huîtres d'Ostende. — Journaux. — Salon reservé pour les dames. — Spécialité de bières anglaises à la shop. — Magasin de provisions, coméstibles et vins fins pour soirées, voyages et parties de pic-nic.

Restaurant de la Maison dorée, rue St-François-de-Paule, 1. — Salle et salons particuliers.

— **Lala**, avenue du Prince Impérial, 4.

— **Victoria**, rue du Pont-Neuf, 4.

— **Léonard**, rue St-Franç.-de-Paule, 10.

SERVICE DES DÎNERS EN VILLE.

Nous croyons recommander à l'attention des Étrangers, l'industrie des Dîners en ville, c'est encore un moyen plus économique et moins ennuyeux que d'avoir des cuisinières fixes, qui, pour la plupart, sont la plaie des familles, sans compter la question financière.

Ardoin Séraphin, restaurateur, place St-Étienne, 18.

Funel Benjamin, promenade des Anglais, 79, et rue de France, 149. — Grands et petits appartements meublés à louer.

Cuisine Bourgeoise, tenue par E. Oliva, rue de France, 30. — Grands et petits appartements meublés, admirablement exposés au midi et au levant.

Valdini, rue St-Barthélemy, 11. — Nous recommandons particulièrement ce restaurant, pour sa délicieuse cuisine et sa propreté, qui lui ont toujours conquis la satisfaction de ses clients.

CAFÉS.

Café Américain, r. St-Franç.-de-Paule, 2. — Le propriétaire de ce vaste établissement vient de l'agrandir en y annexant un beau jardin, situé sur le boulevard du Midi, où une bonne musique se fait entendre, en été, tous les soirs, et en hiver, tous les jours de 1 heure à 3 de l'après-midi. Aux meilleures consommations se joint un service spécial et complet pour bals et soirées. Confiserie et pâtisserie.

— **Impérial**, sur le Cours. — Les frères Loni, qui en ont pris la direction, viennent de transformer ce local par un luxe du meilleur goût ; le service ne laisse rien à désirer. Bonnes consommations. Déjeûners à la fourchette.

Café de la Victoire, place Masséna, au coin de l'Avenue du Prince Impérial. Cet établissement, décoré avec un goût exquis, jouit d'une réputation justement acquise, et offre au public des consommations de premier choix. Glaces à la napolitaine, punch à la romaine, service pour soirées. Journaux Français, Anglais, Allemands et Italiens.

-- **des Alpes-Maritimes**, place Masséna, 6, et avenue du Prince Impérial. — Cet établissement, décoré avec élégance, offre au public des consommations de premier choix. Journaux français et étrangers. Il y a, plusieurs fois la semaine, la musique le soir.

— **des Étrangers**, boul. du Pont Neuf.

— **Alexandre**, id. id.

— **du Commerce**, sur le Cours.

— **du Prince Impérial**, pl. Napoléon, 11.

CULTES.

British Church — ÉGLISE ANGLICANE, rue

de France, près de la place de la Croix-de-Marbre, desservie par le Rev. Charles Childers. — Service, le dimanche à 11 h. du matin, et à 3 h. du soir.

Chapel of East (British) -- CHAPELLE SUCCURSALE ANGLIÇANE, rue St-Barthélemy après le N° 18. — Service le dimanche à 11 h. et à 3 h.

Scotch Presbyterian Church — ÉGLISE PRESBYTÉRIENNE ÉCOSSAISE, rue Masséna, 5, desservie par le Revd A. Burn Murdoch, ministre. — Service le dimanche à 11 h. et à 3 h.; le jeudi à 11 h., depuis octobre jusqu'à mai.

ÉGLISE ÉVANGÉLIQUE, Temple, rue Gioffredo, desservie par M. Léon Pilatte, pasteur. — Service le dimanche à 11 h. du matin et à 7 h. du soir; le mercredi à 7 h. du soir.

ÉGLISE RUSSE, rue Longchamp, desservie par M. Basile Prilejaeff, aumônier. — Service, le dimanche et fêtes, à 11 h. du m.; vêpres la veille à 7 h. 1/2 du s. On peut visiter l'Église tous les jours, de 2 h. à 5.

ÉGLISE ALLEMANDE, rue de la Buffa, 1, desservie par M. Mader, pasteur, rue des Ateliers, 8. — Service le dimanche à 11 h. du matin et à 3 h. du soir; le mercredi à 11 h. du matin.

SYNAGOGUE (*Culte Israélite*), rue du Statut, 13. M. Gédéon Netter, rabbin;

M. Emmanuel Viterbo, ministre officiant. — Service le vendredi soir de 4 à 5 heures, suivant les mois d'hiver. Le samedi matin à 8 heures, et le soir à 3 h. La semaine, le soir de 4 à 5 h., suivant les mois ; le matin à 7 h.

Loges Maçoniques.

La Philosophie Cosmopolite, rit Français et Écossais, rue Chauvain, 9; tenue tous les mercredis, à 8 h. du soir.

La Philantropie Ligurienne, rit Écossais, rue du Pont-Neuf, 10 ; tenue tous les lundis, à 8 h. du soir.

THÉATRES DE NICE

Théâtre Impérial (Opéra Italien),

rue St-François-de-Paule, 6.

M. Avette, *directeur.*

Prix des Abonnements et des Places :

Loges du 1er et 2me rangs, pour la saison, un quart, entrées non comprises.	350 fr.
Loges du 3me rang, pour la saison, un quart, entrées non comprises.	150
Un fauteuil, pour la saison, entrée comprise, excepté les soirs d'abonnement suspendu	375
Un fauteuil pour trente représentations, entrées comprises	100
Une stalle pour la saison, entrée comprise, excepté les soirs d'abonnement suspendu .	250

Une stalle pour trente représentations, entrées comprises . . . . 60 fr.
Un fauteuil pour la soirée, entrée comprise 5
Une stalle pour la soirée, entrée comprise 3
Entrée pour la soirée 1 25
Paradis, pour la soirée . . . . » 40

Les prix des loges à la soirée varie selon les représentations.

L'affiche du jour en indique le prix.

Théâtre français.

(DRAME, COMÉDIE ET VAUDEVILLE)

rue du Temple, près l'Avenue du Prince Impérial.

Prix des Abonnements pour la saison :

Loges de premier rang (quatre entrées personnelles comprises), saison. . . . . 800 fr.
Grandes loges du rez-de-chaussée (quatre entrées personnelles comprises), saison . . 650
Loges du rez-de-chaussée, du N° 1 au N° 8 (quatre entrées personnelles comprises) saison. 400
Loges du rez-de-chaussée, les autres numéros (quatre entrées personnelles comprises), saison 500
Fauteuils d'orchestre, saison 300
— mois. 50
Stalles de galerie, saison. 250
— mois. 40
Stalles d'orchestre, saison 200
— mois 30

PRIX DES PLACES.

Avant-scène des secondes et loges premier rang (4 entrées comprises). . . . . 15 fr.
Grandes loges rez-de-chaussée (6 entrées comprises) 12

Grandes loges rez-de-chaussée (4 entrées comprises)	8 fr.
Fauteuils d'orchestre	4
Stalles de galerie	3
Stalles d'orchestre	2
Pourtours.	1 50 c.
Parterre	1
Secondes galeries	0 80 c.
Paradis.	0 40 c.

CERCLES.

Cercle Philharmonique, *rue du Pont-Neuf*, 13. — Ce cercle date de l'année 1837, et se compose de 129 sociétaires et de 22 membres agrégés. Il a en outre des abonnés et des invités. L'admission des sociétaires est faite en assemblée générale et à scrutin secret. Les membres agrégés sont présentés par deux sociétaires et sont admis par une commission de douze sociétaires nommés en assemblée générale. Les abonnés doivent être présentés par un sociétaire ou par un membre. Ils participent à tous les agréments qu'offre l'établissement.

Les Étrangers de passage à Nice sont admis au cercle pour dix jours sur la présentation d'un sociétaire ou d'un membre agrégé.

Président, M. l'Amiral D'Auvare.

Cercle Masséna, *Avenue du Prince*

Impérial, 4. — Pour être admis à fréquenter ce cercle il faut que deux membres fondateurs en fassent la proposition au Conseil d'administration qui décide par scrutin secret si la personne proposée peut être admise.

On peut s'abonner pour un mois, trois mois, six mois, ou pour un an.

Président, M. le Comte de Cessole.

Cercle des Alpes-Maritimes, *place Masséna*, 8. — Tout étranger à la ville peut fréquenter le cercle pendant 15 jours, sur la présentation d'un membre du cercle. Passé ce délai, l'étranger qui veut continuer de fréquenter le cercle doit se faire présenter de nouveau par deux membres, moyennant une cotisation mensuelle de 15 fr. pendant six mois. — L'étranger abonné a le droit d'entrée personnelle et à la faculté d'assister avec sa famille aux fêtes données par le cercle. — Les officiers de la garnison sont admis moyennant une cotisation mensuelle.

Directeur, M. Brichet.

Cercle du Midi, *boulevard du Midi*, 1.

Établissement littéraire Visconti.

Cet Établissement a un attrait tout particulier pour MM. les Étrangers, et mérite d'être visité.

On y trouve tous les journaux français et étrangers et les revues littéraires.

Bibliothèque circulante de 12,000 vol. à la disposition de MM. les Souscripteurs.

Jouissance d'un beau jardin.

Prix d'abonnement : 5 fr. par mois.

ÉTABLISSEMENTS PUBLICS.

Bibliothèque de la Ville de Nice, rue St-François-de-Paule, 2, au 1er étage. Ouverte tous les jours, en hiver, de 10 h. du matin à 3 h. du soir ; en été, de 9 h. à 3 h. ; les dimanches et fêtes, de 10 h. à midi.

Musée d'Histoire Naturelle, place Napoléon, 6. Ouvert les mardis, jeudis et samedis, de midi, à 3 heures.

PRÉFECTURE.

M. GAVINI DE CAMPILE, Préfet, Officier de la Légion-d'Honneur, Commandeur de l'Ordre des Sts Maurice et Lazare, etc., Officier de l'instruction publique, Maître des Requêtes au Conseil d'État.

M. le Préfet donne ses audiences publiques, les mardis, jeudis et samedis, de 1 h. à 3 de l'après-midi.

Secrétaire-Général : M. Genty, rue Pastorelli.

Police. — Commissariat Central, rue de la Préfecture. Le bureau est ouvert de 8 h. 1/2 à 11 h. du matin et de 1 à 6 h. du soir.

Commissaires de Police. 1er arrondissement, rue du Collet, 7; — 2me arrondissement, place Napoléon, 11; — 3me arrondissement, rue Masséna, 1. Les bureaux sont ouverts de 9 h. du m. à 10 h. du soir.

Passeports. Ils sont délivrés à la Préfecture (2me division), sur le vû du certificat d'un commissaire de police. Les *visas* de passeports sont donnés par M. le Commissaire Central. — Prix du passeport : Intérieur, 2 fr.; Étranger, 10 fr.

Objets trouvés. Ils doivent être déposés au bureau de M. le Commissaire Central, où ils pourront être réclamés par les personnes qui les ont perdus, de 2 à 6 heures du soir. Un an après ils sont rendus à la personne qui les avait trouvés, s'ils n'ont pas été réclamés.

COMMANDEMENT MILITAIRE.

M. Correard, Commandeur de la Légion-d'Honneur, etc., Général de Brigade, commandant la subdivision, rue de France, 70.

TRIBUNAL DE 1re INSTANCE.

Palais de Justice : — *Rue du Sénat.*

M. Le Moigne, chevalier de la Légion-d'Honneur et des Sts Maurice et Lazare, président, r. St-François-de-Paule, 7.

MM. Gazan, vice-président, rue Victor, 50.
Baudouin, greffier en chef, rue du Pont-Neuf, 1.

Parquet

Place de la Poissonnerie, 2.

M. Pensa, Procur. Impér., rue Chauvain.

Justice de Paix

Boulevard du Pont-Neuf, 20.

Jours d'audience : le mardi et le vendredi.

MM. Tiran J., juge du canton *Est*.
Durandi Alex , juge du canton *Ouest*.

FONCTIONNAIRES.

Architecte départ. : M. Sabatier, rue Long-champ, 10.

Colonel du 3me Rég. de ligne : M. Nicolaï, ruelle St-Suaire.

Commiss. chef du service maritime : M. Michelin, quai Lunel, hôtel de la Marine.

Commissaire Central : M. Lordereau, rue Charles-Albert, 4.

Conservateur des Forêts : M. Viney, r. Ségurana, 8.

Conservat. des Hypothèques : M. Brugère-Dupuy, place Napoléon, 3.

Directeur des Contrib. directes : M. Roger, rue Bonaparte, 1.

Direct. des Contrib. indir. : M. Despeyroux, quartier Longchamp, maison Cabasse.

Direct. de l'Enregistrement : M. Sauvaigue, place Napoléon, 11.

Direct. du service de Santé : M. le Docteur Michel, rue Cassini, 23.

Direct. des Tab. : M. Audibert, pl. Cassini, 9.

Direct. des Postes : M. Bonnard.

Direct. du Télégraphe : M. Faure.

Ingénieur en chef des Ponts-et-Chaussées : M. Conte-Grandchamps, r. Longchamp, 10

Inspec. de l'Acad. : M. De Salve, r. Victor, 45.

Payeur : M. Moriette, ruelle St-Suaire, 5.

Percepteur : M. Salvi, pl. Bellevue, au Port.

Proviseur du Lycée : M. Gautier, au Lycée.

Receveur général : M. le comte de Castelvecchio, rue du Pont-Neuf, 15.

Recrutement : M. Maignien, capitaine commandant, rue Foderé, 7.

Receveur Municipal : M. Gioan, rue de la Préfecture, 17.

Receveur des actes civils et des successions

et vente du papier timbré : M. Bonnefoy, rue Victor, 45.

Receveur des actes judiciaires, extra-judiciaires, des dom. et du timb. extraord.: M. de Lamorte-Félines, r. Victor, 25.

Sous-Intendant militaire : M. Parmentier, rue Fodéré, 7.

MAIRIE.

M. Malaussena, Maire, Officier de la Légion-d'Honneur, et de l'ordre des Sts Maurice et Lazare. Descente de la Caserne, 1.

Les bureaux de la Mairie sont ouverts tous les jours de 8 h. à midi et de 2 h. à 6 h. du soir. Les bureaux de l'État-Civil sont ouverts de 9 h. à midi, et de 2 h. à 5. Les dimanches et fêtes, de 9 h. à midi.

ÉVÊCHÉ DE NICE.

Mgr Sola, Évêque, Officier de la Légion-d'Honneur, Commandeur de l'ordre des Sts Maurice et Lazare et de celui de St-Charles de Monaco; Comte de Drap; rue Victor, villa Agatha, 8.

MM. Sclaverani, chan théol., vicaire-gén.
De Bottini, chanoine, vicaire-général.
Orengo, secrét. général de l'Évêché.
Kaiser, secrét. part. de Mgr l'Évêque.
Libonis, pro-secrétaire de l'Evêché.

Les bureaux du Secrétariat de l'Évêché sont ouverts, le matin de 9 h. à midi et le soir de 3 heures à 5.

CONSULS DES PUISSANCES ÉTRANGÈRES A NICE.

ANGLETERRE. — M. Lacroix, Adolphe, pl. St-Dominique, 1. — Le Consulat est ouvert de 10 h. du matin à 5 h. du soir.

BELGIQUE. — M. de Ricordy, r. Masséna, 13.

BRÉSIL. — M. Barla, v.-consul, pl. Nap., 6.

BRUNSWICH. — M. le chevalier Nolfi, H., place St-Étienne, 18.

CHILI (Répub. du). — M. Raynaud, G., place Napoléon, 6.

DANEMARCK. — M. Raynaud, Patrice, boul. du Midi, 3.

ESPAGNE. — M. Guerra de la Vega, rue St-François-de-Paule, 7. — Le Consulat est ouvert de midi à 3 h.

ÉTATS-ROMAINS. — M. Martin-Saytour, pl. aux Herbes, 2.

ÉTATS-UNIS — Slade W., rue Longchamp, pension Helvétique.

GRÈCE. — M. Bovis, v.-cons., r. Mascoïnat.

HAMBOURG. — M. Raynaud, Amédée, boul. du Midi, 3.

HANOVRE. — M. Lacroix, Albert, gérant le consulat, place St-Dominique, 1.

HAÏTI. (Répub. de) — M. Muscat, Édouard, rue de la Caserne.

ITALIE. — M. Benzi, Raphaël, C. ✠, cons. général, r. Victor, 59. Le consulat est ouvert de 9 à 2 heures.

NICARAGUA. — M. Risso, à St-Roch.

PAYS-BAS. — M. Raynaud, boulevard du Midi, 3.

PORTUGAL. — M. Bounin, Paul, ✻, r. Ségurana, 28.

PRUSSE. — M. Raynaud, Ant., chargé du consulat, boulevard du Midi, 3.

RUSSIE. — M. Grieve Alex., r. du Temple, maison Ugo, près la place Grimaldi. Le consulat est ouvert de 9 heures à 2.

SAN-SALVADOR (Rép. de) — M. Muscat, rue de la Caserne, 2.

SAXE-WEIMAR. — M. le chevalier Nolfi, place St-Étienne, 18.

SUÈDE ET NORWÈGE. — M. Carlone, A. ✠, quai St-Jean-Baptiste, 51.

TUNIS. — M. Tiranty, A., vice-consul, rue Longchamp.

TURQUIE. — M. le marquis de Constantin ✻, vice-consul, r. Grimaldi.

URAGUAY. — M. Barla, place Napoléon, 6.

WURTEMBERG et FRANCFORT. — M. Avigdor, Septime ✻, place Napoléon, 10.

SERVICE DES POSTES

place Napoléon, 8.

Indication des services	Départs—Dernières levées	Arrivées.
Paris (1er envoi).. ...	1 h. soir..	3 h. 45 soir.
Paris (2e id.)......	9 h. id.	7 h. 15 id.
Puget-Théniers........	7 h. 1/2 soir.	11 h. matin.
St-Jean de la Rivière.	7 h. 1/2 id.	Midi.
Villefranche (1er env.)	9 h. id.	1 h. 15 soir.
Gênes................	7 h. 1/2 id.	8 h. id.
Coni (Turin).........	7 h. 1/2 id.	7 h. 1/2 id.
Villefranche (2e env.)	4 h. 1/2 id.	10 h. 30 soir.
Corse................	mercredi 7 h. du soir.	Dimanche 11 h. du matin

La levée aux boîtes subsidiaires a lieu deux fois par jour, à midi et à 6 heures du soir.

Les bureaux sont ouverts, de 7 heures du matin à 7 heures du soir, en été, et de 7 à 6 h. du soir en hiver. Les dimanches et jours fériés, ils sont fermés de midi à 4 heures du soir.

Taxes, Affranchissements.

Nous donnons le Tarif des postes pour l'intérieur de l'Empire français, suivi du Tarif des lettres pour les principaux pays étrangers.

Taxes des Lettres dans l'intérieur de l'Empire :

	aff.	non aff.
Jusqu'à 10 grammes inclusivement......	0 20	0 30
Au-dessus de 10 gr. jusqu'à 20 gr. incl.	0 40	0 60
id. de 20 id. 100 id.	0 80	1 20

id. de 100 gr, s'augmente de 80 cent. chaque 100 gr. ou fraction de 100 gr.

Les *avis de naissance*, ou *décès*, *prospectus*, *circulaires*, *prix-courants* et *avis divers* peuvent être expédiés *sous forme de lettre* ou *sous enveloppe*; dans ce cas le port est de 10 cent. par *chaque avis* ou *par chaque autre imprimé* du poids de 10 grammes et au-dessous, circulant de bureau à bureau, et de 5 cent. circulant dans la circonscription d'un bureau de poste.

Les *cartes de visite* sont reçues sous enveloppes *non fermées*, aux mêmes conditions que les *avis de naissance*. La même enveloppe peut renfermer *deux cartes* sans augmentation de prix.

Sont assimilées aux *cartes de visite ordinaires* les *cartes de visite-portraits photographiées*.

Chargements.

La taxe des lettres chargées est déterminée en ajoutant le droit fixe de 0, 20 cent. aux taxes comprises dans le tarif qui précède.

Articles d'argent.

La poste se charge, moyennant un droit de 1 p. 100, du transport des sommes d'argent déposées à découvert dans ses bureaux. Au-dessus de 10 fr., les mandats supportent, en outre, un droit de timbre de 50 centimes.

A partir du 1er octobre 1864 a lieu un échange de mandats de poste, entre la France et l'Italie pour les envois d'argent, moyennant un droit de 20 cent. par 10 fr. ou fraction de 10 fr. On ne reçoit pas de sommes au-dessus de 200 fr.

Tarif des Lettres directes en pays étrangers :

DESTINATION	Poids par grammes	Taxe fr. c.
Autriche	10	» 60
Bade.	7 1/2	» 30
Bavière	10	» 40
Belgique	10	» 40
Brésil	7 1/2	» 80
Brunswick	10	» 50
Confédération Argentine	7 1/2	» 80
Constantinople	10	» 50
Danemark	10	» 90
Espagne.	7 1/2	» 40
États-Romains.	7 1/2	1 »
États-Unis d'Amérique .	7 1/2	» 80

Francfort-sur-Mein . .	10 gr.		» 40
Grande-Bretagne . . .	7 1/2		» 40
Galatz (Moldavie) . .	10		» 50
Grèce	7 1/2		1 20
Hanovre.	10		» 50
Hesse-Électorale . . .	10		» 40
Hesse-Granducale . .	10		» 40
Hesse-Hombourg . . .	10		» 40
Ibraïla (Valachie) . . .	10		» 50
Italie.	10		» 40
Mexique (affr. obligat.) .	7 1/2		» 80
Oldembourg	10		» 50
Pays-Bas	7 1/2		» 60
Pologne.	10		1 10
Portugal (1)	7 1/2		» 20
Prusse, 1er rayon (2) .	10		» 40
id. 2me id. . . .	10		» 50
Reuss	10		» 40
Russie	10		1 10
Saxe.	10		» 50
Saxe-Altenburg . . .	10		» 50

(1) Affranchissement obligatoire jusqu'à la frontière de sortie de France; par la voie de Bordeaux ou de St-Nazaire, 60 cent.

(2) Le 1er rayon comprend les régences d'Aix-la-Chapelle, de Coblentz, de Cologne, de Dusseldorf et de Trèves. — Le 2e rayon comprend les régences d'Arnsberg, de Breslau, Bromberg, Cöslin, Dantzick, Erfurth, Francfort-sur-l'Oder, Gumbinnen, Königsberg, Liegnitz, Magdebourg, Marienwerder, Mersebourg, Minden, Munster, Oppeln, Posen, Potsdam, Stettin et Stralsund.

Saxe-Coburg-Gotha . .	10 gr.	» 40
Saxe-Weimar	10	» 40
« Allstedt .	10	» 50
Servie (affr. obligatoire).	10	» 60
Sibérie	10	1 10
Suède	7 1/2	1 »
Suisse	7 1/2	» 40
Tunis (ville de)	7 1/2	» 60
Wurtemberg et Hohenzollern 1er rayon . .	7 1/2	» 30
2me id. . . .	7 1/2	» 40
3me id. . . .	7 1/2	» 50

Nota. — Nous ne nous occupons pas de la taxe des *lettres chargées* pour les pays étrangers attendu qu'il est indispensable de se rendre au bureau de poste où on peut avoir tous les renseignements nécessaires mieux que ne pourrions faire nous-mêmes.

Poste aux Chevaux

rue de la Caserne, 4.

Prix des services exécutés par les maîtres de poste :

Pour chaque cheval fourni....... 0,20 c. par kilom.
Pour chaque voiture id. .... 0,20 id.
Pour guides à payer au postillon. 0,10 id.

SERVICE TÉLÉGRAPHIQUE.

Bureaux : ruelle St-Suaire, près du Cours.

DISPOSITIONS GÉNÉRALES.

Les dépêches télégraphiques privées, de

un à vingt mots, adresse et signature comprises, sont soumises aux taxes suivantes, perçues au départ, savoir :

Les dépêches échangées entre deux bureaux d'un même département, à une taxe fixe de un franc.

Les dépêches échangées entre deux bureaux quelconques du territoire de l'Empire, hors le cas précédent, à une taxe fixe de deux francs.

Au-dessus de vingt mots, ces taxes sont augmentées de moitié pour chaque dizaine de mots ou fraction de dizaine excédante.

L'indication de la date, de l'heure du dépôt et du lieu de départ est transmise d'office. Sauf ces indications, tous les mots inscrits par l'expéditeur sur la minute de sa dépêche sont comptés et taxés.

Le port des dépêches à domicile ou au bureau de la poste dans le lieu d'arrivée est gratuit.

Toute dépêche doit être écrite en caractère romain, mais peut être rédigée en langue allemande, anglaise, italienne, espagnole, hollandaise, portugaise ou française.

TAXES *pour une dépêche de* 20 *mots, de Nice aux bureaux étrangers suivants :*

Angleterre (moins Londres). Fr. 11 75

Londres (seulement)	Fr.	10	50
Bavière		3	»
Belgique		3	»
Espagne.		4	»
Italie		4	»
Portugal		5	»
Suisse.		3	»
Amsterdam		12	»
Baden-Baden		7	50
Berlin.		13	50
Carlsbad.		12	»
Carlsruhe		7	50
Cologne.		9	»
Constantinople		21	»
Dresde		12	»
Francfort-sur-Mein		9	»
Malte		15	»
Moscou		24	»
Munich		10	50
Odessa		22	50
Rome		9	»
St-Pétersbourg		22	50
Stuttgard		9	»
Trieste		7	50
Varsovie.		16	50
Vienne		10	50

Monaco { 1 50 pour le département des Alpes-Maritimes.
2 » pour toute la France.

BANQUE DE FRANCE.

SUCCURSALE DE NICE,

rue Saint-François-de-Paule, 16.

Directeur, M. Lacaud, quartier Longchamp, maison Cabasse.

Les bureaux sont ouverts de 9 heures à midi, et de 2 heures à 4 de l'après-midi.

Bourse

rue du Pont-Neuf, 15.

Nice, jusqu'à présent était privée d'un local destiné aux opérations de commerce; sur l'initiative de la Chambre de Commerce, avec le concours des Autorités et de la Classe commerciale, on a enfin loué un local à cet effet. On espère en faire l'inauguration prochainement.

Maisons de Banque.

Avigdor l'aîné et fils, *place Napoléon*, 10.

Le bureau est ouvert de 9 heures à 6. — La Caisse de 10 à 4 heures. — M. Avigdor publie tous les jours un Bulletin de change.

Lacroix Adolphe, frères, *place St-Dominique*, 1, *au* 1er.

Le bureau est ouvert de 10 heures du matin à 5 heures du soir.

Carlone E. et Cie, *quai St-Jean-Baptiste*, 51, *au* 1er.

Gastaud J.-H., *sur le Cours.*

Colombo (veuve) et fils, *rue Droite*, 15, *au* 2me.

Gautier fils aîné et Cie, *place Napoléon*, 16, banque et recouvrements.

Raynaud Gaspard, *place Napoléon*, 6, banque et recouvrements. — Achat et vente de fonds publics et de valeurs industrielles.

Le bureau est ouvert de 8 heures du matin à 6 heures du soir.

Amoretti Santino, *sur le Cours*, banque et recouvrements.

Pollonais Joseph, *place de la Poissonnerie*, banque et recouvrements.

Gilly et Trabaud, *place Napoléon*, 2, banque et recouvrements.

Changeurs.

Amoretti Santino, *sur le Cours.*

Raynaud Gaspard, *place Napoléon*, 6.

Muscat Vidal, *rue de la Caserne*, 2, *au* 1er *étage.*

VOITURES PUBLIQUES.

STATIONNEMENT DES VOITURES.

Place Masséna, — Rue de France, — Place de la Croix-de-Marbre, — Place Charles-

Albert, — Place Napoléon, — Place de l'Eglise du Vœu, — Boulevard du Pont-Neuf, — Boulevard du Pont-Vieux, — Au Port.

Tarif des Prix.

	A 4 places plus 2 enfants âgés de moins de 10 ans.			
	2 chevaux		1 cheval	
	jour	nuit	jour	nuit
Pour chaque course..	1 00	1 50	0 75	1 50
Pour la 1re heure	2 60	3 10	2 10	2 60
Pour les 1/2 h. suiv ..	1 10	1 35	0 80	1 30

	A 2 places plus 1 enfant âgé de moins de 10 ans.			
	2 chevaux		1 cheval	
	jour	nuit	jour	nuit
Pour chaque course..	0 75	1 25	0 60	1 00
Pour la 1re heure	2 10	2 60	1 60	2 00
Pour les 1/2 h. suiv ..	0 80	1 30	0 60	1 10

Les promenades de Nice à Villefranche

par la nouvelle route du littoral, celles au Var, à la Grotte Saint-André et à la Trinité-Victor seront réglées, pour le service de jour comme pour celui de nuit, à l'heure. — Si à l'arrivée à destination, la voiture est renvoyée à vide, le voyageur paiera le prix du retour calculé en prenant pour base le temps employé à l'aller. — Les cochers des voitures qui reviendront vides ne pourront refuser de prendre des voyageurs pour le retour à Nice, aux mêmes conditions du Tarif à l'heure.

DISPOSITIONS GÉNÉRALES.

Règlement de Police relatif aux Voitures publiques.

Dans aucune circonstance, il ne pourra être exigé par les cochers un prix supérieur à ceux du présent tarif. Les cochers ne pourront non plus exiger de pourboire.

Les cochers devront transporter les bagages des voyageurs, moyennant 50 cent. en sus du prix de la course, pourvu que leur poids ne dépasse pas 80 kilog. et qu'ils puissent être placés dans la voiture.

Le service de nuit commence à l'heure où l'on allume les lanternes de l'éclairage de la ville, et finit à 6 heures du matin.

L'augmentation du prix pour le service de nuit ne sera due jusqu'à dix heures que tout autant que les voitures seront prises sur les lieux de stationnement.

Le cocher qui aura été pris avant l'heure à laquelle commence le service de nuit et qui arrivera à sa destination après cette heure, n'aura droit qu'au prix fixé pour le jour, mais seulement pour la première course ou la première heure.

Celui qui aura été pris avant 6 heures du matin et qui n'arrivera à sa destination qu'après 6 heures du soir, aura droit au prix de nuit, mais seulement pour la première course ou la première heure.

Tout cocher qui, dans une course, aura été détourné de son chemin par la volonté de la personne qui l'emploiera, sera censé avoir été pris à l'heure et sera payé en conséquence.

Le cocher qui, sans être détourné de son chemin, sera invité à déposer en route une ou plusieurs des personnes qui se trouveraient dans sa voiture n'aura droit qu'au prix de la course.

Les cochers sont autorisés à se faire payer d'avance lorsqu'ils conduiront des personnes aux théâtres, bals, concerts et autres lieux de réunion et divertissements publics.

Le voyageur qui aura pris une voiture pour une course pourra, avant d'arriver à sa destination, demander à être conduit à l'heure. Dans ce cas, le cocher n'aura droit qu'au tarif de l'heure et ce prix lui sera dû à partir de l'instant où sa voiture aura été occupée.

Lorsqu'un cocher aura été pris à l'heure, il lui sera dû le prix total de l'heure, lors même qu'il n'aurait pas été employé pendant l'heure entière.

Lorsque le cocher pris à l'heure aura été employé pendant plus d'une heure, le prix qui lui sera dû, à compter de la seconde heure, sera calculé sur l'espace de temps pendant lequel il aura été employé.

La demi-heure commencée sera payée en entier.

Lorsqu'un cocher sera appelé à domicile pour marcher à l'heure, le prix de l'heure courra du moment où le cocher aura été pris, soit sur une station, soit ailleurs.

Si le cocher pris pour marcher à la course, est obligé d'attendre le voyageur plus de dix minutes, il sera censé avoir été pris à l'heure.

Si le cocher, appelé à domicile, soit pour marcher à la course, soit pour marcher à l'heure, est renvoyé sans être employé et sans avoir attendu, il lui sera payé, à titre d'indemnité de déplacement, le prix d'une demi-course.

Seront considérées comme courses à l'intérieur, celles qui ne dépasseront pas les limites ci-après :

Porte cochère du petit Séminaire, au Lazaret ;

Extrémité de la villa Saint-Aignan, nouvelle route de Villefranche ;

Pied de la montée de l'ancienne route de Villefranche ;

Route de Turin, commencement du mur dit *Barri-long*, vis-à-vis le couvent de Cimiés ;

Embranchement du chemin de St-Roch et de la route de Gênes ;

Extrémité septentrionale de la place d'Armes ;

Route St-Barthélemy, jusqu'au moulin Rastoin, vis-à-vis la maison villa Charvet ;

Église St-Étienne et villas Bermond et Peillon ;

Pont de Magnan ;

Ruelle St-Philippe, jusqu'au chemin de Ste-Catherine, en suivant le vallon de la *Mantega*.

Il y aura constamment dans l'intérieur des voitures de place, un tarif indiquant les prix des courses.

Le tarif portera, en outre, le numéro de la voiture et le sceau de la Mairie.

Nous recommandons à MM. les Étrangers de faire observer strictement aux cochers, le règlement de Police sur les voitures ; les plus simples observations sont reçues au bureau de M. le Commissaire Central qui s'empresse de faire droit aux réclamations.

Tarif des portefaix.

Du Port à la rive droite du Paillon, dans le rayon du plan d'alignement et vice-versa :

Pour une malle ou colis n'excédant pas 50 kilog. . . . . 70 c.
Un sac de nuit 35
Un carton de chapeau 25
Une malle ou colis excédant 50 kil. on payera en plus par 10 kil. 15
Lorsque le voyageur à défaut de place sera obligé d'aller d'un hôtel à un autre, il payera en sus:
Pour chaque malle ou colis . . 10
» chaque sac ou carton. . . 05
On ne paye rien pour le transport à la douane.

Tarif des bateliers.

Traversée d'un petit môle à l'autre . . . . 05 c.

Sur tout autre point 10

Du quai au vapeur, pour un marin, un soldat ou un sous-officier avec son sac 10

Du quai au vapeur, pour un voyageur sans bagage. 30

Chaque malle ou colis autre que canne, parapluie ou couverture . 10

Des quais aux embarcations.

Pour une malle ou un colis audessous de 50 kilog 15

Pour une malle ou un colis audessus de 50 kilog 25

Un sac de nuit ou un carton de chapeau 05

Tarif des commissionnaires de la gare.

Pour le transport des bagages de la gare au domicile du voyageur, et *vice-versa*, dans les limites de la ville :

Pour une malle ou colis n'excédant pas 50 kilog. . . . . 70 c.

Un sac de nuit. 35

Un carton de chapeau 25

Lorsque le voyageur, faute de place

sera obligé d'aller d'un hôtel à un autre, il payera en sus, 10 cent. par malle ou colis, et 5 cent. pour un sac de nuit ou carton de chapeau.

Bureaux de tabac

débitant du papier timbré.

Baudoin, rue Centrale, 8.
Bouet, quai Lunel, au Port, près du Bureau de la Douane.
Guillonde, rue Poissonnerie, 5.
Otto, rue de France, 2, vis-à-vis la rue de la Croix-de-Marbre.

Agent de transport.

Frainet Frères, correspondants du chemin de fer, agents des transports de l'État; bureau à la Gare.

Commissionnaires de roulage.

Les personnes qui craignent l'embarras suscité inévitablement par le nombre de leurs bagages, pourront s'épargner toute espèce de tracas et d'inquiétudes, en les faisant retirer du chemin de fer, ou expédier par les Commissionnaires suivants. Ils se chargent des recherches de colis en retard, et des opérations délicates de transit, d'une ligne sur une autre.

GUIDASCI, Charles, rue Ségurana, 8. Maison de roulage et transit pour la France, le Piémont et autres parties de l'Italie. Entrepôt de guano du Pérou.

VERANI et VIAL, pl. de la Préfecture, 1. Roulage et transit, expéditions à grande et petite vitesse pour tous pays ; camionnage en ville et pour la gare.

Compagnie générale des eaux de France.

M. GRISEL, représentant de la Compagnie, à Nice; Bureau, rue Cassini, 23.

Docteurs-Médecins et Chirurgiens.

Barelli Charles, place Napoléon, 11.
Bonnal, place Grimaldi, maison Imbert.
Borras, rue Cassini, 9.
Blest, aux Ponchettes, 1.
Camous L., rue de la Caserne, 2.
Cartier, rue Grimaldi, maison Voisel.
Crothers R., rue Masséna, 20.
Crossby H., promenade des Anglais, 7.
Chauvet, boulevard du Midi, 7.
Deporta, rue de la Poissonnerie, 5.
Donaudy Sigismond, rue Sulzer, 3.
Euzières de Lavalette, rue Masséna, 30.
Faraut, boulevard du Pont-Vieux, 32.
Giraud, rue St-François-de-Paule, 11.
Geoffroy, place St-François, 2.

Goiran, place Napoléon, 6.
Garapon, villa Mossa, à St-Etienne.
Gentzmer, rue Croix-de-Marbre, 6.
Grandvilliers, rue Masséna, 36.
Granjux, rue Ségurana, 30.
Guillabert, rue Charles-Albert, 1.
Gurney, rue de France, 25.
Hugues, rue Charles-Albert, 4.
Laugaudin, rue du Pont-Neuf, 3.
Lefèvre, au Lazaret.
Liautaud, rue du Pont-Neuf, 10.
Lubanski, rue de France, 74.
Lubonis, rue St-François-de-Paule, 14.
Lippert, Jardin-Public, 8.
Meyhoffer, rue Masséna, 13.
Marchessaux, rue St-Franç.-de-Paule, 11.
Maroncelli, quai Masséna, 3.
Macario, rue Croix-de-Marbre, 4.
Montanari, place Masséna, 1.
Maurin, rue Papacin, 8.
Niepce, quai Masséna, 5.
Pantaleoni, place Masséna, 1.
Pollet, rue Gioffredo, 8.
Pressat, quai Masséna, 13.
Penchienati, rue Cassini, 7.
Pichonnière, rue Masséna, 22.
Provençal, rue Droite, 20.
Rieux, Jardin-Public, 6.
Rehberg, promenade des Anglais, 11.
Scoffier Pie, place Poissonnerie, 2.
Scoffier Ed., rue Victor, 55.

Sicard, rue Paradis, 8.
Simonin, Jardin-Public, 6.
Travis, quai Masséna, 15.
Taxil, rue de l'Hôpital, 1.
Verani, rue Cassini, 7.
Vigon, rue St-François-de-Paule, 8.
Wahu, place Masséna, 4.
Zimmerman (A. C. de), de Naples, conseiller intime de S. M. le Roi de Prusse, rue Masséna, 8.
Zurcher, rue Masséna, 20.

Chirurgiens.

Anfossy, rue de la Préfecture, 9.
Audibert, pont de Magnan.
Baudoin, rue du Pont-Neuf, 9.
Clericy, rue du Pont-Neuf, 5.
Giacobi, place Charles-Albert, 4.
Gilly, rue Victor, 57.
Vinay, rue Ségurana, 4.

Pharmaciens.

Ancel, place du Lycée.
Corporandy, rue de la Préfecture, 2.
Daniel, quai Masséna, 3, *chemist*.
Draghi, rue de France, 32.
Fouque, boulevard du Pont-Vieux, 2.
Grosso, place Napoléon, 5.
Leoncini, pl. St-Étien., 16, *chemist*.
Musso, rue du Pont-Neuf, 6, *chemist*.
Sauvaigo, rue Cassini, 23.

Garde - malades.

Les Sœurs du Bon Secours, rue Carabacel, 7, près de la pension Mars.

Les Sœurs de cette Institution, qui ont rendu de si grands services à l'humanité, prêtent toujours leur assistance aux malades toutes les fois qu'on leur en fait la demande, et par leurs soins charitables allègent les souffrances des personnes infirmes. Nous engageons MM. les Étrangers qui se trouveraient dans le cas d'avoir besoin de leur assistance, à y recourir avec confiance, sûrs de trouver toujours l'accueil le plus bienveillant.

Dentistes.

Ninck, chirurgien-dentiste français, agréé de la Faculté de médecine et de chirurgie de St-Pétersbourg. Ses inventions et perfectionnements pour les dentures artificielles, lui ont fait obtenir plusieurs brevets, tant en France qu'à l'étranger. — Guérison des maux de dents, aurification et plombage des dents. Rue Masséna, 30.

Pellioni, chirurgien-dentiste, rue St-François-de-Paule, 26.

Fieux, chirurgien-dentiste, rue Paradis, 9.

HALL, chirurgien-dentiste américain, place Masséna, 3.

Pédicure.

BERRA F., connu par la colonie étrangère depuis 28 ans, à Nice, où il a eu l'honneur de servir les familles les plus distinguées. Rue Croix-de-Marbre, 2.

Vétérinaire.

BERGEON, de l'école d'Alfort, médecin-vétérinaire, rue du Temple, 5, et rue Masséna, 22. *Infirmerie d'animaux.*

Professeurs de langues.

ANNONI H., professeur d'Italien, s'adresser chez M. Dalgoutte, rue Paradis, 11.

BEHNE, (de Hanovre), docteur en droit de l'Université de Goettingen, professeur de littérature et des langues allemande, anglaise et française, et des autres connaissances nécessaires à une bonne éducation; cours de langues et leçons collectives chez lui et à l'École Municipale; quinze ans d'enseignement à Paris et trois à Nice; comprend l'italien, le hollandais et le flamand. Lectures à domicile, traductions. — Rue de France, 84, au 2me, à gauche.

BEHNE (Mme et MMlles); leçons de français, d'allemand, de dessin, de piano, etc. Enseignement supérieur et élémentaire,

Parlent anglais et italien. Lectures à domicile, traductions. — Rue de France, 84, au 2me, à gauche.

BERTONI, romain, professeur de langue italienne et de littérature, rue Masséna, 16, escalier à droite, au 5me.

CAMPBELL, professeur d'anglais, Jardin-Public, 8.

CAREY-HARNETT, professeur d'anglais, Chemin de la Buffa, Cité des Palmiers, ancienne villa Palmero, petit pavillon à droite, au 1er.

DEVILLE (22 ans d'enseignement), donne, d'après les meilleures méthodes connues, des leçons de langue *française* et de langue *italienne* (classiques, littérature, traductions); parle anglais, allemand, espagnol. — Rue Masséna, 11, au 2me étage.

GABRIELLI, l'Abbé (Toscan), professeur de langue italienne. — A l'Établissement Visconti.

GASTALDY (Mlle), professeur de français, d'italien et d'anglais, place Charles-Albert, chez Gastaldy, coiffeur.

MASSEGLIA, professore di Lettere Greche, Latine, Italiane, Spagnuole; ed espositore della Divina Commedia di Dante. — Via Grimaldi, No 1.

MEINHARDT (Mme), professeur d'allemand, rue Ségurana, 22.

NASH (anglais), école étrangère, promenade des Anglais, 89.

RABAGLIATI (Mlle), leçons de langues anglaise et italienne, descente de la Caserne, 1, à côté du bur. du *Journal de Nice*.

ROUX (Mlle Fanny), professeur de français et d'italien, parle anglais et allemand. Rue Masséna, 45.

VITERBO (Emmanuel), professeur d'Hébreux, rue des Ponchettes, 9.

Professeurs de musique.

ARNAUD, Louis, professeur de piano, rue de la Buffa, 1.

BELGRAND, J., élève de Goria, prof. de piano, accompagnateur, r. du Pont-Neuf, 3.

COSTA (Mme Héloïse), prof. de musique et de piano, place St-Dominique, 1.

COSTA, Pierre, prof. de piano, de chant, d'harmonie et de composition. Pianos à vendre et à louer, rue Masséna, 16.

DOIN, Amédée, lauréat du Conservatoire de Paris, prof. de violon, d'accompagnement et d'harmonie, rue Ségurana, 26.

DECK, professeur de piano, rue Gioffredo, 10.

FERDINAND (Mlle Marie), professeur de piano, rue Masséna, 3, au 4me.

HENRY, Alexandre, professeur de piano, rue St-François-de-Paule, 8.

Kottig, prof. de piano, rue Masséna, 3.

Laura (romain), professeur de chan , place Masséna, 3.

Pellegrini, J.-César, second chef d'orchestre du théâtre impérial, prof. de violon à l'École municipale, donne des leçons d'accompagnement; se charge de la direction de l'orchestre pour soirées musicales et dansantes, rue Gioffredo, 7.

Perny, P., pianiste, compositeur et professeur de piano, d'harmonium et d'harmonie, rue Ségurana, 22.

Pianos en location et magasins de musique.

Il y a plusieurs bonnes maisons qui font ce genre de commerce. Les conditions de location pour les pianos sont ordinairement faites pour la saison, c'est-à-dire jusqu'à la fin du mois d'avril; les prix ordinaires sont de 120 à 200 fr. et au-dessus pour les pianos extra. On peut louer aussi des pianos par mois, alors les prix sont proportionnellement plus élevés.

Voici les principales maisons :

Ferrara, Jean, quai Masséna, 1. Manufacture de pianos, établissement musical. Vente et location de pianos d'Érard, Pléyel, Herz, Boisselot, Maury-Dumas, etc.;

musique italienne, française, allemande, anglaise et russe, pour piano et pour piano et chant; instruments de musique divers.

NOLFI, H., place St-Étienne, 18. Vente et location de pianos des principales manufactures.

COSTA, Pierre, rue Masséna, 16. Vente et location.

GREGORI, place Charles-Albert. Vente et location.

MUGNIER, rue du Pont-Neuf, 3. Fabrique et location.

THIBOUT, rue Chauvain. Fabrique et location.

Peintres.

BERSANO, peintre en portraits, genre et aquarelliste, leçons à domicile; s'adresser à la librairie Delbecchi.

COSTA, Emmanuel, prof. de dessin et de peinture, place St-Dominique, 1.

DELAPEINE, artiste peintre, place Masséna, 4.

FLACHERON, Isidore, élève d'Ingres, peintre de paysage, d'animaux et de figure, professeur de peinture et de dessin. Médaille d'or à l'exposition du Louvre. Séjour de 20 ans à Rome. Rue Chauvain, 6.

GARACI, Charles, ex-professeur de dessin linéaire et d'architecture de l'École municipale, rue Longchamp, 8.

Gaslini, Pierre, artiste peintre, rue du Pont-Neuf, 7.

Lavezzari, André, architecte et peintre, membre de l'Académie des Beaux-arts de St-Pétersbourg, rue Gioffredo, 13.

Nègre, Charles, artiste peintre, prof. de dessin au Lycée Impérial; collection des vues pittoresques et des monuments historiques du département; r. Chauvain, 3.

Nikitine (de), Arcadie, artiste peintre, rue Chauvain, 8, au 1er.

IMPRIMEURS.

Imprimerie Ch. Cauvin (IMPRIMERIE DE L'ÉVÊCHÉ), rue de la Préfecture, 6. — Impressions de luxe, artistiques, pour les administrations et le commerce, ouvrages en tous genres. — Vignettes, fleurons et emblèmes assortis imitant parfaitement la Lithographie et la Gravure en taille-douce. Choix complet de Types dernière nouveauté. Spécialité pour les Affiches et impressions en Polychrômie. — Presses mécanique et à bras.

— **Caisson et Mignon**, boulevard du Pont-Vieux, 18.

— **Gauthier, V.-E.** et Cie, descente de la Caserne, 1.

Imprimerie Gilletta A., Société Typographique, rue de la Préfecture, 9.
— **Administrative**, r. du Pont-Neuf, 9.

LIBRAIRES ET PAPÉTIERS.

Librairie Bruyat, fournisseur du Lycée Impérial, boulevard du Pont-Neuf, 4. Librairie classique.
— **Cauvin**, rue de la Préfecture, 6. — Livres classiques, de jurisprudence, d'histoire et de religion. — Fournitures de bureaux, articles de dessin et de fantaisie, objets d'art.
— **Delbecchi**, rue du Pont-Neuf, 7. — Articles de bureau, de fantaisie. Spécialités pour dessin et peinture. Papier et couleurs anglais et français.
— **Étrangère** de Ch. Giraud, Jardin-Public, 7, entre l'hôtel de la Grande-Bretagne et l'hôtel d'Angleterre. — Librairie française et étrangère. — Papeterie. — Bibliothèque pour l'abonnement composée de livres anglais, français, italiens et allemands.
— **Charles Jougla**, Jardin-Public, 1. — Abonnement à la lecture.
— **Gilletta** (veuve) **et fils**, libraires, rue de la Préfecture, 9.
— **Suchet** (veuve), rue de la Préfecture, 20. Librairie religieuse.

Librairie Visconti, rue du Cours, 1.

Magasin de papeterie de Mme veuve Ferdinand, articles de bureau, objets d'art, dessin, etc., rue Masséna, 13.

LITHOGRAPHES.

Lithographie Davin, boul. du Pont-Vieux, 32. — Autographie, chrômographie. Cartes de visite, étiquettes en couleurs, plans, dessins, etc.

— **Carlin et Nagler**, rue Chauvain, 5. — Spécialité pour cartes de visite. — Lettres d'invitation, programmes pour soirées, menus pour dîners, etc. — Travaux de commerce en tous genres.

— **Parisienne** de L. PELLERAUX, boulevard du Pont-Neuf, 1, au 1er, et rue du Pont-Neuf, 2. Spécialité pour étiquettes de luxe, cartes de visite, etc.

— **Ch. Cauvin**, rue de la Préfecture, 6. — Cartes de visite, factures, étiquettes en couleurs, autographie et impressions en tous genres.

RELIEURS.

RABAGLIATI, F., atelier de reliure et cartonnage. Descente de la Caserne, 1.

ROCCA, M., atelier de reliure et cartonnage, encadrements, passe-partout, rue de la Terrasse, 7.

PHOTOGRAPHES.

Photographie Silli, quai Masséna, 9.
— **des Deux-Mondes**, maison Pierre-Petit, promenade des Anglais, 5. — Galerie des hommes du jour. Album de l'Episcopat. Vues de Nice. Stéréoscopes.
— **Messy Émile**, rue du Temple, coin gauche de l'Avenue du Prince Impérial, maison Donati.
— **Merisse Auguste**, rue Paradis, 2, et rue Masséna, 13.
— **Pacelli**, successeur de Schemboche et Pacelli, r. Chauvain 5, au 1er étage.
— **Puget Léon**, boul. du Pont-Neuf, 28.

JOURNAUX.

On publie à Nice les journaux suivants :

Journal de Nice, messager quotidien des Alpes-Maritimes. Bureaux : Descente de la Caserne, 1. — M. Eyma, rédacteur en chef ; M. Alziary de Roquefort, rédacteur-gérant, M. Ponsinet, administrateur-gérant. *Abonnement*, Un an, 40 fr. ; Six mois, 22 fr. ; Trois mois, 12 fr. ; un numéro, 15 cent.

Les Échos de Nice. — Feuille littéraire, d'annonces et liste des Étrangers. — Paraît une fois par semaine, pendant la saison d'hiver. Rédacteur-propr. M. Dalgoutte, rue Paradis, 11. *Abonnement*, 6 fr.

Opticiens.

T. Doninelli, r. St-François-de-Paule, 5. — Spécialité de lunettes en cristal de roche du Brésil pour la régénération de la vue, appliquées au moyen du visiomètre.

Rossi, rue du Pont-Neuf, 4. — Grand choix de jumelles pour théâtre et marine. — Longues vues, microscopes, télescopes, thermomètres. Grand choix de pince-nez et lunettes.

Horlogerie, Bijouterie.

Castel, Honoré, rue du Pont-Neuf, 7. Joaillier, bijoutier de S. M. le Roi d'Italie.

Gilly, André, horloger bréveté, fournisseur de plusieurs souverains. Horlogerie, bijouterie. Place St-Dominique, 1.

À la grande confiance. *J. Ribis*, boulevard du Pont-Vieux, près le café de la Ville. Horlogerie, bijouterie de Paris. Montres et pendules en tous genres. Achat de vieilles matières d'or et d'argent. Grand choix de mosaïques et de camées de Rome. Prix modérés.

Verneuil, J., horloger, rue du Pont-Neuf, 2. Grand choix de pendules et montres de Genève. Ouvrages en corail en tous genres. Mosaïques de Rome et de Florence. Objets en lave du Vésuve.

VIVALDI, B., horloger, rue du Pont-Neuf, 9. Choix de belles pendules et montres de Genève.

Corail et Guipures.

BONTA, Ferdinand, fabricant de guipure et corail, quai Masséna, 15. Grand assortiment de guipures de Gênes et du Puy, aux prix de fabrique. Velours de Gênes et de Lyon, garanti. Châles cachemire brodés, châles et rotondes en lama, etc. Diadèmes, colliers, boucles d'oreilles, etc., en corail. Parures en lave du Vésuve, mosaïques de Rome et de Florence, etc.

GISMONDI, de Gênes, quai Masséna, 9. Fabrique de bijouterie en corail en tous genres. Commission, détail, exportation. Prix de fabrique.

MARCELLINI, P., fabricant en corail et guipures de Gênes, fournisseur bréveté de LL. MM. le roi de Bavière et le roi de Wurtemberg, rue du Pont-Neuf, 3.

MAZZANTI (Mme), de Rome. Spécialité de guipures anciennes, ancien point de Venise. — Grand assortiment de perles de Rome, mosaïques et camées. Rue Croix-de-Marbre, 7.

Soieries, Bonneteries, Ganteries.

AU PHÉNIX, maison de ganterie, cravates, faux-cols. Fournitures pour tapisserie. *F. Ancessy*, rue du Pont-Neuf, 8.

COUPELLO, Camille et Cie, mercerie, bonneterie et ganterie. Rue du Pont-Neuf, 1.

CRÉBASSE, Frères, place St-Dominique, 1. Mercerie anglaise et française.

DAVID, Moïse, rue du Pont-Neuf, 8. Grand magasin de nouveautés, soieries, châles, lainage, confection, etc.

AUX VILLES DE FRANCE. Magasin de hautes nouveautés, châles, soieries, nouveautés pour robes, toiles, services de table, etc. Rue St-François-de-Paule, 7.

AU COIN DE RUE. *E. Rouzeau*, rue St-François-de-Paule, 5. Nouveautés, bonneterie et lingerie; spécialité de corsets et jupons.

MAGASIN ANGLAIS. *E. Weeks*, rue du Pont-Neuf, 3. Mercerie, bonneterie, flanelles, calicot, etc.

GONIN, place du Jardin-Public, 4.

Maison ADÉ, quai Masséna, 3. Mercerie anglaise et française.

Marchands-tailleurs.

BELGRAND, F., fils aîné, marchand-tailleur, rue du Pont-Neuf, 3. *English spoken*.

GAVARRY, frères, marchands-tailleurs, rue du Pont-Neuf, 4.

GAUDIN, François, marchand-tailleur, rue du Pont-Neuf, 1, à l'entresol.

MIGNO, marchand-tailleur, rue St-François-de-Paule, 2.

À LA BELLE JARDINIÈRE, rue Charles-Albert, 4. Maison de confection.

Coiffeurs.

FERAUD, coiffeur, rue du Pont-Neuf, 13. — Grand assortiment de parfumerie des principales maisons de Paris. Spécialité de postiches pour coiffure de dames. Ouvrages en cheveux et shampoing américain.

GASTALDY, salon de coiffure, parfumeries, brosseries et postiches. *English spoken.* Place Charles-Albert, 1.

TAFFE, cadet, place Charles-Albert, 2. Salon de coiffure pour hommes et pour dames. Fabrique de postiches en tous genres. Parfumerie de Paris et d'Angleterre. Bijouterie plaquée or, jais, écaille, etc.

TAFFE (Mme), coiffeuse pour dames.

Horticulteur-fleuriste.

ROSSIGNOL, J. F., place de l'Église du Vœu et rue Gioffredo. Établissement d'horticulture très-recommandé pour le choix des fleurs, l'élégance des bouquets, corbeilles et garnitures de salon. La maison a tous les accessoires nécessaires pour l'exportation des bouquets, par toute voie, sans aucun dérangement des clients. — Commerce d'arbres, arbustes et graines.

Ébénisterie, Tabletterie.

GIMELLE, Claude, fondateur du premier atelier de mosaïques, en bois de Nice. Maison d'ébénisterie et de tabletterie; on fait toutes sortes d'armoiries, vues et costumes de Nice. *English spoken*. Expédition à l'étranger. Place Charles-Albert, 1, vis-à-vis le Pont-Neuf.

LACROIX, fournisseur de S. M. l'Empereur, rue du Pont-Neuf, 3.

MIGNON, frères, rue Paradis, 9. — *Aux bois mosaïques*. Ébénisterie, tabletterie.

Meubles.

ANSALDI, Charles, sur le Cours, 1. Sculpteur, doreur, miroitier, fournisseur bréveté de S. M. l'Empereur, et décorateur brévété de S. M. le Roi d'Italie.

FOUREY, aîné, sur le Cours, 22. Meubles, siéges et tentures.

Bazars.

RIBERO J., fils aîné, rue de la Préfecture, 2.

Marché.

Le Marché central a lieu tous les jours, sur le Cours, de 7 heures à 11 du matin; le marché permanent des légumes et des fruits se trouve au centre de la ville, à côté de la Cathédrale.

Denrées Coloniales, Comestibles et Boissons.

BERLANDINA, de Londres, maison brévetée, établie en 1825. Vins fins, liqueurs, épiceries. Rue St-François-de-Paule, 26, au coin de la place des Phocéens.

B. P. BRAUD, English grocer. Importer of teas, fine wines, brandies, etc. Scotch marmalade, jams and jellies. — Rue de France, 17.

GIACOMETTI, rue de la Préfecture, 6. Drogueries, denrées coloniales, comestibles, vins fins. Entrepôt d'eaux minérales naturelles. Succursale de l'établissement de Vichy.

J. RUFFARD fils et Cie, rue Masséna, 13. Denrées coloniales, vins, thés, articles anglais, etc. Agents de la Maison *Nath. Johnston et fils*, de Bordeaux. Agence spéciale pour les bières anglaises. Dépôt général des Eaux de St-Galmier.

THAON, Ed. *Old English Warehouse*, quai Masséna, nº 7, *à côté de l'Hôtel de France*. Vins fins, bières anglaises, thés, denrées coloniales et articles de provisions. Dépôt central d'eaux minérales naturelles françaises et étrangères.

STRAFFORELLI, H., quai St-Jean-Baptiste, 51. -- Épiceries, vins et thés, articles anglais et liqueurs assorties.

FRICERO, rue St-François-de-Paule, 11, en face de la Gendarmerie. Grand assortiment de vins fins des premiers crus et sincères. Liqueurs, spiritueux, huile fine, huile à brûler du pays. Prix très-modérés.

VINS DU VAR. Provisions pour famille, vins cuits et vins blancs venant directement des propriétaires. Prix modérés. Chez Léon Nicolas, rue Ste Clotilde, 1, près la place Charles-Albert.

RUFFARD, Adolphe. Entrepôt général de bières anglaises, de Bavière, de Strasbourg, de Lyon. Eaux minérales de Vichy, de St-Galmier, de Condillac, de Contrexéville et Eau de Seltz. Rue du Temple, maison Loupias, vis-à-vis la maison Chauvain.

Fruits confits.

Nous recommandons tout particulièrement à l'attention de MM. les Etrangers, la belle et vaste Usine de MM. **B. Musso et Cie**, place Cassini, près du Port, pour la fabrication des *fruits confits*, *glacés et cristallisés, à l'eau-de-vie, au jus, etc. Sirops de fruits et liqueurs. Distillerie d'eaux de fleurs d'orangers, de roses*, et autres.

Nous engageons même MM. les Etrangers à ne pas partir de Nice sans la visiter; elle est tout-à-fait digne de leur attention. Ses produits sont très-recherchés et on en trouve des dépôts dans les principales villes de France et de l'étranger. Cette Maison a obtenu la *Mention Honorable* à l'Exposition de Londres en 1862. — Une Succursale de la Fabrique est établie à Nice, rue du Pont-Neuf, 6, près l'hôtel des Etrangers.

Confiseurs-pâtissiers.

Cresp, confiseur-pâtissier, rue St-François-de-Paule, 2, attenant au Café Américain. Pièces montées en tous genres, gâteaux, morfines, fruits glacés et candis, etc. *Exportation.* On glace toute l'année.

Rumpelmayer, place St-Étienne, 16.

Hautmann, quai Masséna, 5.

Marras, rue du Pont-Neuf, 9.

Brondet, rue St-François-de-Paule, 7.

SALLE
DE
DANSE et de GYMNASTIQUE.

Quai Masséna, 9.

Mlle H. PELLEGRINI, professeur de danse et de gymnastique à l'usage des jeunes élèves, continuera les leçons qu'elle donne depuis plusieurs années, à Nice, avec tant de distinction et de succès.

Fille et successeur du très-regretté *Sébastien Pellegrini*, ancien ordonnateur des bals de la Cour, qui lui a transmis les vrais principes de son art; elle est justement appréciée des familles et professe dans les pensionnats les plus recommandables de la ville. A tous ces titres, elle est digne de notre recommandation spéciale.

Quai Masséna, 9.

Professeur de Danse.

Mme Marchettini, veuve Cortesi, élève de l'Académie Royale de Milan, rue Masséna, 31. Leçons particulières de danse chez elle pour les demoiselles; leçons en ville et dans les pensionnats.

Bains.

Nous avons à Nice plusieurs Établissements de bains de premier et de second ordres. Nous mettons en première ligne les Polythermes de M. Mary, rue St-François-de-Paule, 8, à côté du Théâtre Impérial, et boulevard du Midi, 1. Cet Établissement est sans contredit, le plus approprié à ce genre de service, grâce aux soins persévérants du propriétaire qui n'a rien épargné pour le réduire à l'état le plus convenable. On y trouve à toute heure des bains chauds d'eau douce et d'eau de mer, des bains de vapeur russes et douches, et des bains de Barèges. Les cabinets sont chauffés à volonté. Propreté et activité dans le service, ainsi qu'un choix de parfumerie des principales maisons de Paris. Le propriétaire s'est mis aussi en état de satisfaire à toutes les demandes pour le service à domicile.

Prix d'un bain simple — 1 fr. 25 cent.
Par abonnement 1 fr.

Voici les autres établissements :

Bains de la Place de la Préfecture, près du Cours.

Bains des Quatre Saisons, Jardin-Public, 8.

Bains du Boulevard, boulevard du Pont-Vieux, 1, près de la place Napoléon.

Bains de mer, promenade des Anglais.

Pharmacie Homœopathique

SPÉCIALE

4, *Jardin-Public, à NICE.*

On trouve dans cet Établissement la collection complète des médicaments homœopathiques sous toutes les formes usitées, des produits spéciaux appropriés au régime diététique, des pharmacies de poche et de voyage, l'adresse des médecins homœopathes exerçant à Nice et tout ce qui concerne l'homœopathie.

Sculpteurs.

MAFFEI CHARLES, sculpteur statuaire; étude, rue Gioffredo, maison Chauvain, 9.

RAYMONDY JOSEPH, sculpteur statuaire, 1er grand prix à l'Académie royale de Turin, ex-professeur de l'école de Savone, auteur de la statue *Clissia* du grand-duc Nicolas de Russie, et autres statues et monuments sépulcraux, etc.; à Longchamp, au fond de la rue Chauvain, derrière la Pension Russe.

Nous recommandons particulièrement à MM. les Étrangers et habitants de Nice le

MAGASIN

DE

CORAIL & GUIPURES

DE GÊNES

DE

PIERRE MARCELLINI

Rue du Pont-Neuf, 3

BRÉVETÉ PAR LL. MM. LE ROI DE HOLLANDE ET LE ROI DE WURTEMBERG.

Cette Maison, la première qui ait introduit cette industrie à Nice, mérite d'être visitée par sa spécialité. On y trouve toute sorte de travaux en corail, fabriqués avec la plus grande finesse et solidité, et à des prix modérés.

Atelier pour la fabrication et le raccommodage.

Nota. — C'est par erreur que, à la page 87, on a désigné M. Marcellini comme bréveté par S. M. le Roi de Bavière.

Tailleuse pour Dames.

Mme Ursule Germier. — Robes, confections et costumes d'enfants, Jardin-Public, 8.

Fabrique de Corsets et Ceintures
en tous genres sur mesure.

Mme Jasienska. — Mention honorable 1853. — Médaille 1858. — Articles d'orthopédie, Ceintures, Ventrières, Ombélicals, Hypogastrique, Dames enceintes, Obésité d'épaules, Bas à varices, etc. — Dépôt de Corsets sans coutures. — Assortiment de Portes-monnaies, Jarretières et fournitures pour Corsets. — Rue St-François-de-Paule, 5, vis-à-vis le Théâtre Impérial.

Ombrelles et Parapluies.

Aux Cannes d'orangers. *Arnal*, fabricant de parapluies et d'ombrelles de fantaisie. Boulevard du Pont-Neuf, 24. — Cannes, cravaches et éventails. — Échange et raccommodage en tout genre. — Chicotage et louage de parapluies. — Articles de commande.

Union Syndicale.

Bureaux: *place Masséna*, 4.

Renseignements gratuits sur les appartements à louer, sur le commerce et l'industrie.

SERVICE GÉNÉRAL

des

POMPES FUNÈBRES

et des

INHUMATIONS

DE LA VILLE DE NICE

HUMBERT PRADO

ENTREPRENEUR

BUREAUX : Place Saint-François & rue de France, 8.

Transport à l'étranger des corps *embaumés ou non embaumés*, par voitures spéciales et par chemin de fer. On traite à forfait pour le transport des corps, et le prix convenu n'est exigible qu'à l'arrivée à destination.

L'entrepreneur se charge d'obtenir les pièces et tout ce qui est nécessaire pour le transport dans l'intérieur de la France et à l'étranger, au prix fixé par le tarif.

Caveau provisoire pour y déposer les corps destinés à être transportés hors de Nice.

Des ordonnateurs sont à la disposition des familles pour régler les convois, et donner tous les renseignements désirables.

Magasin de cercueils de toute sorte selon l'usage des nations.

Marbres et monuments funèbres ; croix et entourage de tombes en bois et en fer.

Tentures et chapelles ardentes. Assortiment de couronnes et de médaillons. Gros et détail.

Achat de terrains et exhumations.

Entretien des sépultures et des jardins par abonnement annuel.

OMNIBUS POUR LE SERVICE DE LA VILLE DE NICE.

ENTREPRISE LOUPIAS FRÈRES.

BUREAUX :
Boulevard du Pont-Neuf, à côté du café de l'Univers.

Prix des places : 25-cent.

De la place Napoléon au Pont de Magnan :

Départs toutes les demi-heures, à partir de 7 heures du matin jusqu'à 8 h. du soir.

De la place Charles-Albert à St-Barthélemy :

Départs toutes les heures, à partir de 7 heures du matin jusqu'à 7 heures du soir.

De la place St-Dominique à St-Étienne :

Par l'ancien chemin desservant les villas Bermond et Peglioni.

Départs toutes les demi-heures, à partir de 7 heures du matin jusqu'à 8 h. du soir.

Service du Chemin de Fer.

Un service d'Omnibus a été établi entre la Gare et les trois points suivants :

Le Port — la place Napoléon et rues aboutissant — l'église St-Pierre dans la rue de France.

Le départ des Omnibus de la Gare a lieu après le chargement des bagages.

Les Omnibus allant à la Gare pour le départ du train du soir desservant la Banlieue, partent du Bureau, boulevard du Pont-Neuf, à côté du café de l'Univers.

Prix des places, 30 centimes. — Pour une malle, 25 cent.— Pour un carton à chapeau ou un sac de nuit, 10 cent.

Service du pont du Var.

Prix des places : 40 cent.

DEPARTS DE NICE : — Boulevard du Pont-Neuf, près la Descente de la Caserne.

6 heures 1|2 et 10 heures du matin.
1 heure et 6 heures du soir.

DÉPARTS du pont du Var :

8 heures et 10 heures du matin.
2 heures et 5 heures du soir.

Service entre Nice et Monaco.

BUREAUX : Boulevard du Pont-Neuf, à côté du café de l'Univers.

Départ de Nice, à 10 heures du matin.
Départ de Monaco, à 8 heures du matin.

Trajet en 4 heures. — Prix des places, 4 fr.

MESSAGERIES IMPÉRIALES DE FRANCE.

Deux services par jour entre NICE et GÊNES et vice-versa.

Malle-Poste, trajet en 20 heures.

Départ de Nice à 8 heures du soir.
Départ de Gênes à 8 heures du soir.

Prix des places : Coupé, 40 fr. — Intérieur et banquette, 30 fr.

Diligence : trajet en 22 heures.

Départ de Nice à 8 heures du matin.

Départ de Gênes à 8 heures du matin.

Prix des places : Coupé, 40 fr. — Intérieur, 34 fr. — Rotonde, 25 fr. — Banquette, 30 fr.

Au moyen de ces deux services messieurs les voyageurs peuvent se rendre de Nice à Gênes et vice-versa en deux jours, sans passer de nuit en voiture en couchant à Oneille. Dans ce cas le prix est augmenté d'une moitié de la place.

MESSAGERIES MENTONNAISES.

Plusieurs services par jour ont lieu entre Nice et Menton. Départ du bureau Descente Crotti, à la Poste-aux-chevaux.

Du même bureau ont lieu divers départs par jour pour Villefranche.

MALLE-POSTE ENTRE NICE ET TURIN.

Correspondance directe avec le chemin de fer de Coni.

BUREAUX : place St-Dominique, hôtel de l'Univers.

Départ de Nice pour Coni à 7 h. du soir. — Arrivée à Coni le lendemain de 3 à 4 h. du soir. — Départs de Coni pour Turin par chemin de fer à 6 heures 35 m. du soir.

Départs de Coni pour Nice, à 10 h. 1|2 du soir. Arrivée à Nice le lendemain de 8 à 9 h. du soir.

Prix des places : Coupé, 25 fr. — intérieur, 22 fr.

Prix de Coni à Turin par chemin de fer : 1re classe, fr. 9 60. — 2e classe, fr. 6 70.— 3e classe, fr. 4 80.

BATEAUX A VAPEUR.

Compagnie Italienne

BUREAUX : sur le Cours, à côté du Bureau de Change.

Voyage de jour de Nice à Gênes.

Départ de NICE : tous les mardis et vendredis à 9 heures du matin ; arrivée à GÊNES à 5 heures 1|2 du soir.

Départ de GÊNES : tous les mercredis et samedis à 7 heures du soir ; arrivée à NICE à 3 h. 1|2 du matin.

Prix des Places : — Cabines sur le pont, 40 fr. — Salon de 1re, 30 fr. — Salon de 2e, 20 fr. — Sur le pont (pour les ouvriers, indigents, etc.), 10 fr.

Compagnie Marseillaise

BUREAUX : sur le Cours, 10.

Voyage entre Nice et Marseille.

Départ de NICE : tous les mardis et samedis, à 6 heures du soir.

Prix des places : 1re, 18 fr. — 2e, 12 fr. — 3e, 8 fr.

Voyage entre Nice et Gênes.

Départ de NICE : tous les mardis et samedis, à 8 heures du soir.

Prix des places : 1re, 30 fr. — 2e, 20 fr. — 3e, 10 fr.

Compagnie Valéry

BUREAUX : Rue Ste-Clotilde, 1, près de la place Charles-Albert.

Voyage entre Nice et la Corse.

Départ de NICE : tous les mercredis à 7 heures 1/2 du soir. Arrivée à Nice : tous les dimanches à 9 heures du matin.

Prix des places : 1re, 30 fr. — 2e, 20 fr. — 3e, 15 fr.

Service entre Nice et Monaco

BUREAUX : Quai Lunel, 14.

Départ de NICE : 11 heures du matin, 1 heure, 4 heures, 6 heures du soir.

Départ de MONACO : 8 heures du matin, 1 heure, 4 heures, 10 heures 1/2 du soir.

Trajet en une heure. — *Prix des places* : aller, 1 fr. 50. — Aller et retour, 2 fr. 50.

Des Omnibus spéciaux sont affectés à desservir chaque départ et arrivée des bateaux à vapeur de Monaco.

Villa Gerebtzoff

(CIMIÉS).

GRAND HOTEL ORANGINE

tenu par

MARRET, maître d'hôtel à Vichy.

Cet hôtel, situé dans une des plus belles positions du quartier Brancolar, à 20 minutes de distance du centre de la ville, a des vastes jardins, des parcs et un bosquet pour la promenade.

Voitures, remises et écuries appartenant à l'Établissement.

Table d'hôte

Service particulier et Pension.

VILLAS ET APPARTEMENTS A LOUER.

RUE SAINT-BARTHÉLEMY.

Villa Boïeldieu au nº 7, *quartier Carabacel.* — Grands appartements meublés et beau jardin. — Nouvel accès et position des plus agréables. — S'adresser sur les lieux.

Villa Joly au nº 9. — 4 maisons confortablement meublées, belle exposition au midi; on peut les diviser en plusieurs appartements. Chaque maison a la jouissance de son jardin.

S'adresser sur les lieux.

Villa Michel, au nº 14, *quartier de Carabacel* —Rez-de-chaussée élégamment meublé, composé de 8 pièces au midi, avec 3 ou 4 lits de maître, sous-sol avec grande cuisine et autres pièces, jouissance d'un grand jardin. — Prix : 3,000 fr.

2me étage élégamment meublé, composé de 8 pièces au midi, avec 3 ou 4 lits de maître, cuisine, cabinets et cave, jouissance d'un grand jardin. — Prix : 2,500 fr.

Pour les deux appartements, s'adresser au propriétaire sur les lieux. On peut entrer dans la villa par la rue Saint-Barthélemy, 10, et petite rue Carabacel, 9.

Maison Claude confortablement meublée, au nº 11. — Rez-de-chaussée : 3 pièces au midi, salon, 2 pièces au nord. — Prix : 1,200 fr.

1er étage : 3 chambres de maître et salon en plein midi, 2 chambres de domestique, cuisine, etc. — Prix : 2,800 fr.

2me étage : 4 pièces et salon au midi, 2 chambres de domestique et cuisine. — Prix : 2,500 fr.

3me étage : 4 pièces et salon au midi, 2 chambres de domestique et cuisine. — Prix : 2,000 fr.

Villa Castel, *quartier de Carabacel.* — Maison meublée. — Accès par la montée qui passe devant le portail de la villa Massingy.

Villa Girard (Eugène), *colline de Carabacel.* — Entrée par le chemin qui conduit à la villa Marie-Louise, premier portail à gauche. Maison meublée composée d'un rez-de-chaussée, 1er et 2me étages et belvédère, avec 9 à 10 lits de maître et autant de domestique, 2 salons, salle à manger, cabinets, salle pour bains, 2 cuisines, écurie et 2 remises. Le tout au midi, vue admirable. S'adresser au propriétaire, rue St-François-de-Paule, 9, au rez-de-chaussée.

QUARTIER SAINT-BARTHÉLEMY.

Villa Arson, une des plus belles et magnifiques positions des environs de Nice; chemin carrossable.

Villa de Cessole. — Grande et belle maison composée d'un rez-de-chaussée, 1er et 2me étages et mansardes, 3 salons, salle à manger, 10 chambres de maître et autant de domestique. Jouissance des jardins avec grands et petits bassins. Eau de source et de citerne pour l'usage de la maison. On parvient à la villa par une grande et superbe avenue.

QUARTIER BRANCOLAR

Montée de Cimiès.

Villa de la Terrasse, à louer meublée, pour la saison d'hiver, située sur le chemin de Brancolar, dans une des plus belles positions des environs. — Elle est composée de nombreuses pièces au levant et au midi, salon, salle à manger, 5 chambres de maître, 3 de domestique, office, cave. Petit bâtiment séparé, remise, écurie, sellerie, buanderie et 2 chambres. — Jouissance d'un beau jardin d'agrément, excellent puits.

Dans la même propriété:

A louer meublé **Châlet**, composé de 7 pièces. Salon, 2 chambres de maître, salle à manger, 2 chambres de domestique et cuisine. — Un petit bâtiment séparé composé de 2 pièces pouvant servir de magasin et de cave. Jouissance du jardin. Excellent puits.

Villa Sauteyron, vis-à-vis la villa Bovis. — Maison meublée composée du rez-de-chaussée et 1er étage, avec 5 chambres, salon, salle à manger, cabinets, cuisine avec l'eau, etc. Exposition au midi. Jouissance du jardin. Prix modéré.

COLLINE DE CIMIÉS

par la montée à l'entrée de la rue Saint-Barthélemy.

Villa Francinelli, montée de Cimiés, premier portail à gauche. 3 maisons élégamment meublées, divisibles en appartements, très-belle exposition au midi, écurie et remise, jouissance d'un grand jardin. S'adresser sur les lieux.

Villa Mendiguren ci-devant Barras, premier portail à droite. Maison meublée composée d'un rez-de-chaussée et deux étages, avec 14 chambres à coucher pour maîtres et domestiques, salon, salle à manger, cabinets et cuisine, écurie et remise. Jouissance d'un beau et vaste jardin, exposition en plein midi, vue magnifique.

Pavillon meublé avec 8 chambres à coucher, salon, salle à manger, cuisine, belle exposition et jouissance du jardin.

S'adresser sur les lieux.

Villa Nicolas, premier portail à gauche après la chapelle Ste-Rosalie. — Grands et petits appartements meublés, remise et écurie. Vaste campagne, vue et position exceptionnelle, promenades, jardins et bosquet. C'est dans cette villa que se trouve le beau figuier tant admiré par les Étrangers, et dont on parle dans plusieurs guides. S'adresser sur les lieux.

Villa **Balestre**, 1er portail à droite après la chapelle Ste-Rosalie, pavillon meublé. S'adresser au propriétaire, rue Gioffredo, au coin de la ruelle de l'Empeirat.

Villa **Malaussena** avec maison meublée, composée de 7 chambres avec 5 lits de maître et 2 de domestique, salon, salle à manger, cuisine. Entrée par la montée de Cimiés et chemin carrossable par la rue St-Barthélemy à côté de la villa l'*Oliveto*. S'adresser à Madame la propriétaire, place St-Dominique, 15, ou sur les lieux.

Villa **Colombo** sur le plateau de Cimiés, par le chemin à gauche de la chapelle Ste-Anne, une des vastes et belles campagnes du quartier, avec serre, jardins, bois et promenades. Maison très-bien placée, contenant 7 lits de maître et 2 de domestique, 2 salons, salle à manger, cuisine, etc., écurie et remise. S'adresser au propriétaire, rue Droite, 15, palais des Lascaris.

Villa **Gioan** avec maison composée de rez-de-chaussée, 1er et 2me étages, ayant 6 lits de maître et 2 de domestique, belle exposition en plein midi. Entrée par la montée de Cimiés, première ruelle à gauche, après la villa Nicolas, et par le chemin carrossable à gauche, avant le cirque. — S'adresser sur les lieux, ou au propriétaire, rue des Ponchettes, 27.

PLACE SAINT-ÉTIENNE.

Appartement meublé au nº 18, 2me étage à droite, élégamment meublé à neuf. Salon, salle à manger, boudoir, 3 chambres au midi, 2 chambres au levant, chambre pour domestique, eau à la cuisine. Gaz dans l'escalier. Prix modéré. S'adresser sur les lieux.

CHEMIN SAINT-ÉTIENNE.

Villa Ninck, nº 12, au coin de l'Avenue Delphine, maison meublée à louer en totalité ou en partie. Rez-de-chaussée : salon, 3 chambres de maître, 2 de domestique, salle à manger et cuisine avec l'eau, beau jardin.

1er étage, salon, 3 chambres de maître, une de domestique, salle à manger et cuisine avec l'eau. — S'adresser au propriétaire, rue Masséna, 30, au 1er étage.

CHEMIN DE LA BUFFA.

Villa Cité des Palmiers. — Grands et petits appartements meublés, depuis le prix de 1000 fr. jusqu'à 6000. — Grands et petits appartements non meublés, depuis le prix de 500 fr. jusqu'à 3000. Jouissance d'un grand jardin. — S'adresser sur les lieux.

RUE DE FRANCE.

Maison Fossat, au n° 17. Appartement meublé au 1er étage : salon, 2 chambres et terrasse au midi.

Appartement meublé au 3me étage. — Salon, salle à manger, 3 chambres de maître et une pour domestique, cuisine et grande terrasse, le tout en plein midi. Prix modéré.

S'adresser sur les lieux pour les deux appartements.

Grands et petits appartements, au n° 30, admirablement exposés au midi et au levant, chez Oliva Emmanuel, tenant *Cuisine bourgeoise.*

Maison Ghis, au n° 64. Appartement meublé au 2me étage. Salon et 6 chambres au midi, levant et couchant, salle à manger, cuisine avec l'eau. Prix modéré. S'adresser au propriétaire sur les lieux.

Petit appartement, au n° 84, élégamment meublé, au 2me étage à gauche, vis-à-vis la Villa Avigdor. Grand salon avec poêle, chambre avec cheminée, cuisine, balcon, grands placards et soupante. Prix 800 fr. S'adresser sur les lieux.

V**illa Puverel**, au n° 94. Grands et petits appartements meublés et non meublés avec jouissance d'un grand jardin, belle exposition, vue de la mer. S'adresser au propriétaire sur les lieux.

A**ppartements meublés**, au n° 143. 1er étage : Salon, 3 chambres de maître, et salle à manger au midi, chambre pour domestique, cuisine, terrasse. Prix 1,800 fr.

2me étage : composé comme le 1er, moins la terrasse. Prix 1,500 fr.

S'adresser pour les deux appartements sur les lieux, ou à M. Raspini, boulevard du Midi, 5.

V**illa Filippi**, ruelle Merlanzone, n° 3, près de l'église St-Pierre. Maison composée du rez-de-chaussée, deux étages et belvédère, le tout confortablement meublé et contenant 6 chambres de maître, dont 4 au midi, 3 chambres de domestique, salon, cabinets, salle à manger, salle pour domestiques, cuisine et cave. Jouissance d'un grand jardin. S'adresser sur les lieux. Prix modéré.

M**aison Crébasse**, ruelle Merlanzone, près de St-Pierre. Petite maison meublée bien exposée au midi et au milieu d'un jardin. S'adresser à MM. Crébasse frères, place St-Dominique, 1.

QUARTIER SAINT-PHILIPPE.

Villa Pasquale. — Appartement meublé à louer avec 4 lits de maître et un pour domestique, salon, salle à manger, cabinets de toilette, cuisine, grand jardin, chemin carrossable jusqu'à la maison. Prix modéré. S'adresser sur les lieux. On y parvient par la rue Saint-Philippe et première ruelle à gauche, le portail en face.

Villa Borriglione. — Appartement meublé au 1er étage et rez-de-chaussée. 6 grandes pièces au midi, 4 au nord, jardin, 2 entrées dont une particulière par le jardin et l'autre sur la rue Saint-Philippe. Prix 3,000 fr.

Appartement meublé au 2me étage, composé de 4 pièces au midi, une au couchant, deux au nord et une au levant, grande terrasse au midi et une autre au couchant. Prix 1,600 fr. — S'adresser pour les deux appartements sur les lieux, — Rue Saint-Philippe, la maison après la 2me ruelle, à gauche.

PROMENADE DES ANGLAIS.

Maison Carles n° 71. — Appartement meublé au 1er étage. Salon, 4 chambres au midi, 2 au nord, cuisine. Rez-de-chaussée meublé. Petit salon, 2 chambres à coucher, salle à manger, cuisine, jouissance du jardin. — Deux entrées : promenade des Anglais et rue de France. S'adresser sur les lieux, ou à M. RASPINI, boulevard du Midi, 5.

Villa Serraire n° 79. — Grands et petits appartements meublés, chez Benjamin FUNEL, restaurateur en ville. On entre aussi par la rue de France, 140.

QUARTIER DU PONT-MAGNAN.

Villa Martiny au pont Magnan, route de Bellet. Maison avec 10 lits, 2 salons, salle à manger et cuisine. Ecurie et remise. Exposition en plein midi et à l'abri des vents. Jouissance d'un grand jardin. S'adresser sur les lieux.

RUE GIOFFREDO.

Appartement meublé à l'entresol au n° 11. — Salon, 3 chambres au midi, et 2 chambres au nord, jouissance d'un grand jardin.

1er étage. — Salon, 3 chambres et terrasse au midi, chambre pour domestique, cabinet et cuisine.

2me étage. — Salon, 3 chambres, salle à manger au midi, chambre pour domestique, cabinet et cuisine.

Prix modéré pour les trois appartements. S'adresser sur les lieux.

RUE CHAUVAIN.

Villa Bruny. — Maison meublée située en plein midi avec jouissance d'un jardin, et composée de:

Entresol: 6 lits, salle à manger, salon, cabinets et cuisine. — Prix: 2,500 fr.

1er étage avec balcon: 6 lits, salon, salle à manger, cabinets et cuisine. — Prix: 2,800 fr.

2me étage: 6 lits, salon, salle à manger, cabinets et cuisine. — Prix: 2,000 fr.

Villa Bottero, par la rue Chauvain, quartier Beaulieu. — Grands et petits appartements meublés à louer.

RUE MASSÉNA.

Deux appartements meublés au no 26. — 1er et 2me étages au-dessus de l'entresol, composés chacuns de 7 pièces avec cuisine.

Chambre et salon meublés.

BOULEVARD DU MIDI.

Appartement meublé au no 5, 1er étage. Salon, 2 chambres à coucher. Prix 1000 fr. S'adresser sur les lieux.

Appartement confortablement meublé au no 7, 2me étage. Salon, 2 chambres au midi, 2 au nord, salle à manger, chambre de domestique. Prix 2,500 fr. S'adresser à M. Raspini, au no 5, à côté.

Bel appartement au midi élégamment meublé au n° 9, 3me étage à droite, avec vue de la mer et de toute la baie de Nice, 2 grands balcons, 8 pièces et 3 cabinets, 2 à 6 lits, bonne eau à discrétion. Prix 1,800 à 2,000 fr. pour la saison. A louer en totalité ou en partie. S'adresser sur les lieux, ou à M. BEHNE, professeur, rue de France, 84, au 2me.

RUE VICTOR.

Appartement meublé, au n° 47, exposé au midi, au 1er étage, au-dessus de l'entresol, composé de 5 chambres de maître avec cheminée, 2 chambres de domestique, grand et beau salon, grande salle à manger, cabinets et cuisine spacieuse; jouissance d'un grand jardin. — Prix: 1,800 fr. pour la saison.

QUARTIER SAINT-ROCH.

Villa Belgrand, route de Gênes, 13. Maison meublée, divisible en trois appartements composés chacun de 3 lits de maître et 2 de domestique, salon et chambres en plein midi, salle à manger, cuisine et jouissance d'un beau jardin. — Prix: 1000 à 2000 fr. chaque appartement. — S'adresser sur les lieux.

BERTEMONT.

Du côté de Levens, de la Bollène, de Roccabilière, se multiplient les sites, comme on en voit peu ailleurs. Ils offrent aux touristes des installations rassurantes, du bon lait en abondance, du petit lait curatif, des eaux sulfureuses dont le Docteur Lubanski a formulé ainsi l'analyse: Gaz acide hydro-sulfurique, gaz acide carbonique, gaz azote, plus hydrosulfate de soude, hydrochlorate de soude, sulfate de chaux, sulfate de soude et silice. Tous ces éléments sont en petites quantités; cependant, si l'on compare cette analyse avec celle présentée par bien des sources où se rendent les malades, on se convaincra qu'il ne manque à Bertemont qu'un homme intelligent, entreprenant et dévoué pour en faire un point d'attraction d'une certaine importance.

Dans quelques mois, la route départementale N° 1, passant par Levens, Duranus et Lantosque, atteindra Roccabilière, où la voiture arrivera en sept heures. De Roccabilière, un chemin muletier, facile et sans danger, conduit aux sources en une heure. Le propriétaire s'occupe des formalités préparatoires pour substituer à ce chemin une route carrossable qui conduira les baigneurs en voiture jusqu'aux sources.

Les sources jaillissent à mille mètres au-dessus de la mer. A l'extrémité de la vallée de *Lancioures* s'échappe celle de *S*t*-Michel*; plus loin au milieu des broussailles il en sort une autre, celle de *S*t*-Jean-Baptiste*; enfin une troisième, la plus abondante de toutes, vient du lit même du torrent de *Los Gros*, elle porte le nom de *S*t*-Julien*. Il y en a encore une quatrième qui coule entre les deux dernières dans le lit du torrent de l'*Espaliart*. La température la plus élevée de ces ondes bienfaisantes est d'environ 30 degrés centigrades. Quelques fouilles mettraient à même de gagner peut-être plusieurs degrés, et arriver à une température propre aux bains. Un surcroît d'efficacité caractérise toute source sulfureuse, ainsi employée, sans qu'on ait besoin ni de la chauffer ni de l'attiédir.

Ces quatre sources principales et plusieurs autres filets d'eau sulfureuse et ferrugineuse donnent une quantité d'eau plus que suffisante pour fonder un établissement thermal de premier ordre. Le pays est magnifique, la température délicieuse en été. De superbes forêts de châtaigniers protègent suffisamment de l'ardeur du soleil, et les vertes vallées qu'elles ombragent, sont parcourues par de frais ruisseaux en tous sens. La partie de la vallée où se trouve l'établissement, qui n'est qu'à deux minutes des sources principales, est couverte de châtaigniers séculaires aux dimensions gigantesques. A côté se trouve le délicieux plateau de Bertemont qu'une promenade spacieuse va bientôt relier aux sources. — Rien de plus ravissant que ce terrain composé d'une série de plans s'étageant les uns sur les autres et diaprés par la variété des cultures; d'où la vue s'étend en amont et en aval, sur la vallée, depuis les montagnes de St-Martin-Lantosque et de Valdeblora jusqu'aux forêts d'Utelle, de la Maïris, au pic du Brec et Rocca-Sparviera, après avoir parcouru les bords sinueux et verdoyants de la Vésubie et les riches coteaux de Roccabilière, de Belvédère, de la Bollène et de Lantosque. Enfin nous ne pouvons mieux faire connaître Bertemont et ses eaux sulfureuses et ferrugineuses qu'en citant textuellement ce passage du rapport fait à la Société Médicale de Nice par le Docteur Pollet.

« Les étrangers qui viendront jouir des » heureux effets des bains de mer si salu-

» taires, effets que la Grande Duchesse » Hélène de Russie est venue éprouver » deux étés à Nice, trouveront dans le » délicieux séjour de Bertemont pour » varier leurs plaisirs, cette fraîcheur, » ces parfums qu'ils vont chercher par un » long voyage, et à grands frais, dans les » Pyrénées, en Suisse et en Allemagne. » Ils y trouveront, comme dans les sta- » tions de ces différents pays, les mê- » mes eaux minérales et thermales, qui » rivalisent avec elles par leurs proprié- » tés médicales.

» Notre collègue le Docteur Constantin- » James, en parlant des Alpes s'exprime » ainsi : — *Si j'osais dire ma pensée tout* » *entière, j'affirmerais que nos Alpes fran-* » *çaises l'emportent, à certains égards,* » *sur les Alpes helvétiques.* — Si, lorsque » notre confrère écrivait ces lignes, notre » beau département avait été annexé à la » France, ce savant écrivain aurait osé » dire et affirmer toute sa pensée. »

LA BOLLÈNE.

Le village de la Bollène, dont la population est de 800 âmes, est placé sur le plateau d'une montagne, au centre même du vallon de la Vésubie, ce qui rend sa position des plus pittoresques.

La pureté de l'air, la fraîcheur des brises qui soufflent constamment sur ces hauteurs, l'ombrage que répandent les magnifiques plantations de châtaigniers, rendent la Bollène un des plus charmants séjours d'été. Il n'y a donc pas à s'étonner que les étrangers se disputent les quelques logements à louer dans ses environs, ni que l'on ait trouvé nécessaire d'y construire un hôtel assez confortablement aménagé pour recevoir le nombre toujours croissant des visiteurs. Disons en outre aux touristes, qu'il y a facilité pour la pêche et la chasse, et que ce village forme un excellent point de départ pour les excursions pédestres. Les botanistes butineront sur les montagnes environnantes toutes les richesses de la flore alpestre, classée par l'éloquent Tschudi.

TABLE DES MATIÈRES.

www.ingramcontent.com/pod-product-compliance
Ingram Content Group UK Ltd.
Pitfield, Milton Keynes, MK11 3LW, UK
UKHW021103200726
13857UKWH00003B/1074